U0144240

品牌的
技術和藝術

向廣告鬼才葉明桂學洞察力與故事力

葉明桂

著

獻給我的兒子葉子生，
一個最善良的人

融入顧客情境，領先一步就好

全聯福利中心總裁｜徐重仁

我常說「融入顧客情境」，這句話看似簡單，但是實際做起來卻不那麼容易。

不同的位置，我們的顧客也自然不同，全聯超市的顧客，是天天來買生鮮蔬果等民生用品的消費者，咖啡店的顧客，就是需要喘口氣、享受輕鬆片刻的一群人，那廣告公司的顧客呢？其實就是這些想要打造好感度、知名度的品牌商，而融入顧客情境的做法雖然不盡相同，但道理是一樣的。

我曾經分享過電影《扁擔之歌》的觀後感想，這部影片的主角是一個商人的孩子，他的父母為了培養他做生意的能力，讓他去賣鍋蓋，但是單賣鍋蓋的生意很難做，剛開始一個都賣不出去。後來，他因為對自己的產

品產生了感情，只要在路上看到別人的鍋蓋髒了，就會捲起袖子主動幫人清洗，這個舉動感動了鄉人，反而因此順利賣出鍋蓋。這個故事讓我感動之處在於，做生意不必汲汲營營的從顧客口袋裡賺錢，而是要站在顧客的立場為他著想，建立一種彼此信賴的關係。

所以簡單地說，融入顧客情境就是從顧客的角度去想事情，從顧客利益的觀點去做生意。也就是把自己換位成顧客，替他們思考可以經營的空間、可能會遭遇的風險在哪，甚至幫顧客多想到下一步會遇到的問題，這樣就能打動顧客。不能一味地認為「這麼做可以賺到多少錢？」的角度去想事情，因為到頭來會發現，想像的與實際得到的回饋並不相同。

十多年來，全聯的廣告影片都是由奧美負責，一開始以「自曝其短」的方式突顯全聯「有道理的便宜」，到現在「全聯經濟美學」訴求有主張的省錢，都打中顧客的心，這歸功於奧美願意站在全聯的立場，隨著全聯的成長跟大眾溝通，進而引起大眾認同。

我認為做一個新商品或新服務不一定都要透過市調來判斷，那只是一個參考，最重要的還是站在顧客立場，抓對了Timing並相信專業，穩紮穩打地一步步落實執行，就會看到成果。

奧美也是以「人同此心、心同此理」融入顧客情境的方式，提出了比全聯、比家庭主婦更細膩的觀察，替全聯、也替全聯的顧客提早一步想到他們的需求。因為顧客有時候並不知道自己想要什麼，身為一個通路、以及一個通路的廣告公司，就要永遠比我們的顧客早一步知道需求，這樣顧客自然就會滿意。

我與葉明桂先生相識已久，他所參與的品牌工程都為人津津樂道，這本書記錄他在廣告界三十多年累積的獨到觀察與經驗，簡潔流暢的文字搭配廣為人知的個案，非常值得品牌經營者標竿學習，葉先生無私的分享，相信會讓更多人從本書中得到許多做好品牌價值的祕訣。

也是經典──說三道四論阿桂

WPP集團台灣董事長、奧美集團大中華區副董事長｜莊淑芬

這是一個非常奇特的廣告人，見過他一次面，你很難忘記他，除非他當下不言不語，或者你沒有機會和他當面互動扯上幾句話。

他的「特異功能」可以洋洋灑灑列出一張清單，至少這是我從愛看警匪偵探電影所學習的皮毛觀察──不過因為我認識他長達三十年以上，近十多年因為我不在他身旁，所以他如有行事作風的改變──恕我不負責，我以下所述是記憶中的經典版葉明桂：

1. **肉麻當有趣**──在阿桂認知中，我是他人生第一個老闆，說不定也是最後一個老闆。我連搖頭否認的片刻都沒有，他逢人就告訴對方，無論客戶或非客戶，包括毫不相干的張三李四，我就是以這種「崇高地位」出

場。隨著見多識廣後，他的肉麻2.0就是進階為拍馬屁，拍的再自然不過，過往連我那年邁的母親都笑得合不攏嘴，說他是天生拍馬屁大王。各位放心，普羅大眾都是他拍搭的對象。

2. **纖細體弱多毛病**——他的外表自備掩蓋偽裝的功能，尤其阿桂高又瘦，天生委靡不振的長相讓對手容易輕敵。一位和他相知甚深的客戶馬來西亞籍的蘇盈福就說阿桂活像「吃白粉」的。以前阿桂頭皮屑很多，撒在他的黑外衣的雙肩——沒有錯，愛用腦的阿桂特愛穿客製的黑色中山裝，加上長年老菸槍的習性，滄桑的大叔形象渾然天成。當你以為此人不堪一擊時，卻發現他卯起勁專注作業，精神百倍，說話有點囉嗦，卻幽默詼諧，火力十足。只此一家別無分號的葉式風格，完全無法平行複製。

3. **七封信寫傳奇**——阿桂進入這一行時，本來想當文案，後來改徵AE，一連寫七封信給當年是主考官的我，他的熱情執著讓人感動，其實就是活用Direct Mailing的技巧，文字簡約直白、有勾人的創意，我拿

著七封信說服大家引他入門，老闆當然要求我負責「照顧」這位看起來瘦弱不堪的新人。接著他出國念書，學成歸國，換成當時已在另家公司的我寫信說服他加入新團隊。說實在，我們一直不確定他的碩士學歷，奧美大中華董事長TB（宋秩銘）和我就開過他的玩笑，阿桂：你有畢業證書嗎？阿桂回答說：那家美國大學後來倒閉了！於是，他的海外學歷至今成謎無法驗證。

4。**福爾摩斯的觀察力**—— 雖然在下閱人（包括老中老外）小有規模，但像阿桂一樣具有專業偵探的洞察力，在行業中卻是屈指可數。他常常發揮創意把許多或相關或不相關的「點」連結一起，通常他選擇用文字表達他的獨特觀點，時而也露一手以圖示意。見微知著、聲東擊西，就是形容他這種人。捲起袖子啟動作業時，只見他的三部曲——不嫌煩地問東問西，直到大家東倒西歪；翻來覆去熱烈討論，搞得大家筋疲力盡；正當眾人因為卡住即將「撞牆」時，阿桂以牧童遙指杏花村之姿，一語中的點出策略曙光。除了策略思維，當過總經理的阿桂，業務執行力也特優，熟諳經營客戶，也擅長情感綁定客戶，業界少數稱得上多功能的專業人士。

5. **簡單變複雜的能耐**——平時為人低調，近年趨向寡言的阿桂，以獨有的思考模式行走江湖，他就是我認定的「把簡單變複雜」的高手。舉例說明，有一回，我要準備演講，主題和冒險有關。如同以往，我詢問阿桂意見，只見他不疾不徐，像訓練手下企劃成員般，冷靜地說：「請妳先寫出從小到大的冒險事件，至少50件。然後我們再討論。」啊？我心中暗想：不過是一場演講，需要這麼複雜嗎？當下有點後悔何必多此一舉問「大師」；不過我還是二話不說，乖乖地寫出幾十件我以為是冒險的事情。再經過他毫不留情的篩選，終於濃縮而成一段有聲有色的冒險歷程，後來那一場演講相當成功，我衷心感謝阿桂把簡單變複雜的功力，協助我把故事說得動人。話說回來，當「大師」不小心運用這項能力在平日與人的溝通時，我總是提醒他說重點，深怕本來簡單不過的事，被他的思維方式搞複雜了。

6. **善良厚道畏懼衝突**——歸於此類的男人一簍筐，阿桂是品類中之佼佼者。耐心耐力耐操的特性，配合水瓶座的創意能量，當試圖罔顧人性因為利益無法避

免的衝突時，他左右腦並用的說服技巧就施展開來，有時候我難免覺得有落入「巧言令色」的嫌疑，幸好他薄弱的身影和本性善良的動機，經過他的解說，對方總是抱持「坦白從寬」的心胸，一笑泯恩仇。長年工作一起，阿桂最受不了我在餐廳裡，一旦有所不滿，就提出如何改進的要求。如果那當下，地上有洞，他就一定當駝鳥躲進去，幸好台灣人本性善良，我一點都不擔心現場餐點「被加料」，但我的舉止行為也夠阿桂「香菇難瘦」了。

7。勤儉持家好男人——在廣告創意圈裡，阿桂無疑是近乎絕種的稀有動物。雖然口頭上他總是想要當個猶如007美女環伺的大男人，事實上，他言行不一，對於青梅竹馬的賢妻阿珊所說的一切，阿桂的基本原則是言聽計從、使命必達；當夫妻之間溝通時，他不小心告訴阿珊請她講重點時，賢妻板起面孔訓斥：「我是你老婆，不是你部下，老公就是要聽老婆完全沒有重點的囉唆內容。」辛苦了，稀有動物！難能可貴地，阿桂也是好兒子好哥哥好爸爸，基本上，專業生活橫跨兩岸，個人生活以家為本，看起來好像沒有太多個人娛樂休閒活動，

有點無趣是嗎？不過，當他抬頭挺胸、口沫橫飛說故事時，聽完的受眾，沒有一個不被他迷倒的，紛紛心想：這是一個多有趣的廣告人！真相如何？天知道。

衷心的祝福

以上所言，刻劃了我心目中的阿桂，雖然對想成為「眾人迷」的阿桂，角度切入可能不太對。留點想像空間吧，哪一個男人不希望成為萬人迷？阿桂只是勇敢說出來──他在乎別人喜歡他。

最後，我要恭喜阿桂出書！一位深信品牌的資深廣告人，一位奧美創辦人大衛・奧格威所謂的「永遠的廣告學生」，終於集其畢生所學所練所感的力量，把他嘔心瀝血的大作公諸於世。我告訴阿桂：這本書猶如廣告人的反撲之作，在數位稱霸全球的時代，為品牌說話，也為廣告不平則鳴！

餘音繚繞，不絕於耳，經典阿桂，就是如此。

人生的故事，在於你遇見了什麼人和什麼書

| 葉明桂

　　這二十年來，我曾幫許多書籍的出版，寫了推薦序，今天終於要寫篇自序。我在奧美廣告工作超過三十年，這是一家非常優秀的廣告公司。因為這是一個不斷追求創新突破的學習性組織，而我也與時俱進，不斷努力學習，三十年日積月累，我從廣告業的學生成為傳播界的老師，而這本書正是三十年的結晶，一個老師傅的精華。

　　對於此時此刻正在閱讀的你，花費三百多元買這本書，絕不吃虧，必不後悔。如果您是傳播界的同行，您若沒閱讀這本書，您將可能被已讀的同儕超過；如果您是行銷界的人士，您若擁有這本書，您將比同儕多了一些相關知識；您若是個商人，您可以藉此書啟發一些推廣商品的點子；您若是開店的老闆，無論是咖啡館，還

是泡沫紅茶店，這本書教您如何差異化定位，打造屬於自己的品牌。

　　這本更適合目前正從事數位行銷傳播工作者，藉此您將補強大多數的數位傳播所需要加強的品牌專業；這本也適合父母買給快畢業的大學生，藉由是否樂意閱讀這本書來測試他是否喜歡傳播這個行業。我遇到許多不同行業的客戶老闆都不約而同的安排他們的小孩來廣告公司實習，因為他們明白在廣告公司所學到的東西，在出社會之後，無論在哪一行工作都受用。然而，這本書對一般家庭主婦應該沒有太大幫助。

　　這是一本極少數由本國人著作創意行銷專業的書，大部分類似的書籍多來自翻譯。而且許多內容都只是舉用大量國外案例，引用大量研究報告，廢話不少，獨到的觀點很少。這本書不但本土而且含金量很高，值得您買一本放在書架上，讓您的收藏更齊全。以上，盡是自我推薦的推薦文，很不像一般的序文。

　　藉此我感謝兩個人：宋秩銘（TB）與莊淑芬

（Shenan）是第一名的貴人，我第一位老闆，錄用我，提拔我，給我機會，給我舞台。飲水思源：因為加入這個精良的團隊，才有我職場上精彩的故事，因此能夠有所經驗，有點學問，寫了一本書——這本書。

人生的故事，不在於你遇到什麼事，而是你遇見了什麼人。

今天，你遇見了這本書。

Part One

一些好故事

01 有一間，左岸咖啡館
——美麗來自於解決最真實的商業課題

巴黎塞納河畔到底有沒有一間「左岸咖啡館」？這不重要，重要的是，消費者相信真的有。

左岸咖啡館的故事，從一個告示牌開始。

台南統一公司會議室的門上設計一個玻璃框，方便會議室外的人透過小黑板字幕的掛牌，通知正在開會的人「有人外找」。

這天，我看見門上掛出「奧美葉協理外找」的字樣，從統一會議室走了出來，原來是乳品部的部長楊文隆經理找我。他說：「統一的飲料大部分都透過利樂包的包裝賣出，可是利樂包給人期待的價格是每包10元，再高就賣不掉了。」我心想沒錯，我接的上一個商品

——一種兒童健康飲品，含有18種維他命與礦物質，才賣12元一包，但就是賣不好。楊經理接著說：「如今物料成本越來越漲，但是利樂包只能賣10元的魔咒卻無法打破，這樣下去我們的毛利將撐不到應該有的水準，於是我們找了一個新的包材。」楊經理拿出了一個貌似麥當勞的外帶的白色塑膠杯，接著說：「我們想將飲料裝進這個杯子，改賣25元！」於是我接下一個新生意，開始新的任務。

將10元的東西漲價為25元，傳播的任務就是注入15元的溢價。

這就是一個商業課題很好的範例。我經常接到的任務指示「如何擴大生意？」、「達成銷售」、「提高知名度」、「增加好感」……等等，這些都是沒有意義的廢話，都不是真正的商業課題。任何一個商業機構或是公司行業，若不知道自己的生意應該從哪裡來，基本上，這家公司的股票千萬不要買，這家的行銷人員千萬不必挖角，因為他們連做生意最基本的紀律都沒有。這家公司只有財務目標，卻沒有生意策略，而將自己最

基本的功課寄望顧問公司或廣告代理商來代勞，不但不負責任，也是很不實際的想法。然而大部分的代理商為保有生意，經常自我欺騙的誇大自己在這個行銷上的能力，並且美其名為消費者導向的行銷思維。

就來賣咖啡吧

左岸咖啡館這個產品，因為始於一個真實又具體的商業課題，才能將所有行銷與傳播的想法與作法聚焦於最重要的使命：如何讓這個包材放在貨架上，價值25元台幣？根據這個商業課題，我開始展開一連串的後續行動。首先，應該選擇什麼產品類別，放進這個杯子來建立這個包材的起跳行情？

我思考過：鮮乳、果汁，甚至啤酒、紅酒，但是最後選擇了咖啡。因為酒精類無法被完全嚴謹的密封，而咖啡的價格具有較大的彈性空間，一杯現磨咖啡可以賣20元，也可賣200元，大部分的人在辨識咖啡好壞的能力上是比較薄弱的。於是，咖啡飲品比較可能因為形象而左右定價。

接著我們做了一個目的明確的調查研究。大部分的調查工作缺乏足夠的假設，以致調研工作結束時，不但沒有結論，也難以找到足夠的啟發。但我的調研主軸十分明確：檢視產品各種不同的界面對價格的影響力，例如，什麼顏色的包裝最能讓你覺得高級感？我學習到的不是白色，不是黑色，不是咖啡色，而是深藍色。可惜沒有被當時的客戶同意，客戶覺得咖啡就應該要用咖啡色才相關。事實上，運用文字邏輯所引申的相關性是最誤導的，我所測試的深藍，後來被貝納頌咖啡所採用。我猜味全並沒有用研究方法指導他們在包裝顏色的選擇，而是用直覺的決斷，猜中了最適合包裝咖啡的顏色深藍色。事隔多年，貝納頌的成功上市威脅左岸咖啡館的生意，我對當時沒有堅持採用深藍色包裝，耿耿於懷。

同時，我也測試了四個品牌故事的原型，以下那一杯咖啡，你願意出最高的價值？

1、這杯來自日本精品咖啡店的招牌咖啡
2、這杯來自英國首相官邸宴會的咖啡

3、這杯來自航空頭等艙貴賓專用的咖啡

4、這杯咖啡來自法國巴黎哲學家聚集的咖啡館

答案是4，來自法國塞納河左岸某一間許多哲學家喜愛光顧老咖啡館的那一杯咖啡最值錢！於是咖啡館的品牌原型就是根據一個明確的商業課題，透過與消費者對話確定下來。至於「左岸咖啡館」的名字，當時聽說：某一位統一的高階主管對左岸這個名字有意見，他認為應該改為「右岸咖啡館」，因為台灣位處海峽的右岸，顯然他的忠告沒有被行銷與廣告團隊接受。沒有強迫我們一定要接受他的意見，是他偉大的地方。我發現一流領導者的魅力，通常不是來自他的表達能力，而是他的傾聽能力。

為了讓左岸咖啡館「非常法國」，藉此滿足因為許多消費者崇法而取得高價位的形象，我們特別贊助法國駐台代表在台舉辦的「法國國慶的慈善義賣」活動。在五星級酒店的大廳，你看到各家贊助廠商的義賣攤位，有法國香水，有法國化妝品，有法國服飾，有法國貿易，有法航，全部都是法國貨，只有一家Le café 咖啡

館是間法國人自己都沒聽過的咖啡館，然而，現場的嘉賓都不疑有他，只能怪自己不夠博學多聞。話說法國國慶當天，我們也在國際電台投放廣播廣告，慶祝法國國慶，同時我們也與法國商務領事合辦了好幾場法國電影展，總之左岸咖啡館需要法國血統，需要法國的DNA來為我們的高價加持。

讓它成為一個品牌平台

左岸咖啡館是一個具有品牌概念的平台，應該是當年最先進的傳播想法，我當時就特別強調左岸咖啡館是間咖啡「館」，而不是咖啡產品，我們利用咖啡「館」這個概念平台，更精準的描述是法國塞納河左岸的一間文人匯集的咖啡館，用這個概念平台來打造品牌，並且藉由這個概念平台來延展我們所有與消費者接觸的點子，不只是廣告，而是全方位的行銷傳播。近兩年，數位媒體逐漸取代傳統大眾傳播媒體，因應這個趨勢，全世界都在熱衷推行所謂的「平台idea」，對我而言，早就率先身體力行，只不過當年沒有現在這麼多包裝過的專業術語。

由於品牌的平台是咖啡館，所以當時我根據咖啡館這個平台來規劃左岸咖啡館未來的產品延伸，咖啡館的菜單正是最佳的參考。一般法國咖啡館內販賣的飲料與點心，就是左岸咖啡館可以出品的產品項目，為此我特別請當時的媒體界大老──陳韋仲，趁著媒體協會前往巴黎參訪之際，為我偷來將近十本法國咖啡館的Menu，以及無數的店內製作物（藉此再度感謝他）。

　　我向統一建議：跟隨左岸咖啡館的成功上市，我們要陸續推出左岸起司蛋糕、布朗尼、左岸冰淇淋、左岸茶系列，讓左岸咖啡館成為跨部門的品牌，讓統一麵包、統一冰品、統一飲料部共同擁有這個品牌，共同投入廣告預算提高左岸咖啡館的聲量，擴大左岸咖啡館的品牌影響力。我的提案獲得統一執行副總──顏博明的贊成，後來左岸咖啡館前後出品了焦糖布丁及輕起司蛋糕。

　　有了品牌概念平台，也能給我們在行銷上的啟發，我就建議顏博明可以在超商設立一個小冰箱，成為左岸

咖啡館的專用冰箱，將冰箱加以美學裝飾成為一個店中小店的概念，左岸咖啡館的杯裝咖啡、奶茶、起司蛋糕、冷藏布丁，甚至冰淇淋都放在這個小冰箱，用一種寄賣的說法，一方面增加渠道通路，一方面也強化來自法國左岸咖啡館授權在台販售的品牌故事。

這個咖啡館的平台設計，也是在我經驗中最能幫助創意夥伴發想創意最佳的簡報，我對我的創意團隊說：「我們現在不是在賣咖啡，我們是在經營一家咖啡館。」於是整體在思考時的創意空間，不但是進入不同的空間，而且是更大的創意空間，讓整個工作的過程變得更有趣，更有意義。

為了讓左岸咖啡館非常法國，我曾經有一個假戲真做的點子：就是在法國登記一個官網帳戶，這樣我就有了一個字尾為fr的網址，當你進入了xxxx.com.fr的官網，你會看見整頁看不懂的法文，只有角落邊邊一個你看得懂的兩個字，寫著「中文」二字，你按下中文就回到一個正常的左岸咖啡館的官網內容，介紹著左岸咖啡館的品牌故事與產品系列，同時也提供著各種遊覽巴黎的旅

遊札記與導遊指南。如果你心有懷疑或毫不死心地去查了首頁的法文內容，你會明白首頁的法文是一篇通知本官網正在改版修建的道歉啟事……。**塑造品牌，必須全力以赴，任何細節都不放過。**

注入靈魂的產品

左岸咖啡成功上市之後，我們曾經做過幾場有關品牌檢驗的焦點訪談，八、九個左岸的忠實愛用者聚在一室分享他們熱愛左岸咖啡館的故事。座談會的最後一題是問：「你相信世界上有這麼一間左岸咖啡館嗎？」所有的受訪者都被這個突然的問題愣了幾秒，心想著難道沒有？聰明的消費者還是悟出來原來這是個行銷故事，其中一位受訪者終於開口，她說：「我希望有！」

你相信世界上真的有聖誕老公公嗎？我希望有，因為如果這個世界上沒有聖誕老人，那麼，這個世界將少了多少快樂，這個世界將不完美。左岸咖啡館也是人們心目中理想的咖啡館，人們在這個信手就可拈來的幻想中孤獨享受，享受孤獨。

廣告可以為產品注入靈魂，讓人們在享用產品時多一分想像，添增享受的情趣，藉此增加產品的價值，這就是品牌的價值，這就是為什麼相同的產品可能賣更高價格的原理。

我做左岸咖啡館四年，從來沒有去過巴黎，直到那年，我被派去法國，前往大衛・奧格威的家，一座位在巴黎郊區中古世紀的城堡，參與一個如何改良奧美全球策略模組的研討會。因此，我才有機會去到巴黎，見識塞納河左岸那些人文匯萃的古老咖啡館，也就是左岸咖啡館品牌故事的原型……。話說回程時，我坐在戴高樂機場的候機室角落，隔壁兩排候機椅被一群說話夾雜台語、穿著名牌的台灣貴婦們霸占著，她們高談闊論，我在旁邊聽見：「這間左岸咖啡館真難找，昨天找了一個下午都沒找到耶！」「哎喲，就在郵局右邊第二間，那就是左岸咖啡館啊！」聽到這裡，我覺得是人生最得意的一刻。

左岸咖啡館，雖是個團隊合作的結晶，不過胡佩紋是第一支廣告的發想者，沒有她，不會有左岸咖啡館

的誕生，同時，我也懷念左岸咖啡館的第二任創意總監劉繼武。他所寫的左岸咖啡館的文字是一篇又一篇才情滿溢的短篇小說。接任繼武的是他的子弟兵鍾伸與卓聖能，他們將左岸咖啡館發揚光大，不同年代不同的創意團隊卻擁有相同一致的品牌個性與風格，這就是品牌管家的紀律，即使不是自己的原創，也遵守既定的策略，維持個性，保持風格，讓品牌個性與風格能真正被人們識別，並且認知。建立品牌看似簡單，其實最困難的就是堅持一致性，而最容易打破品牌一致性、也是最有力的說法，就是所謂的「品牌應該與時俱進」，這是個似是而非的誤導，品牌的個性與風格就像人的性格一樣，從小到老不會改變，只是他所做的事情必須隨著成長，跟著時代有所不同。

　　左岸咖啡的品牌個性是像一個嘉義女中詩詞社的社長（一個小城市的好學生，沒有見過大世界，全憑想像），正是少女不知愁的年紀，卻是多愁善感的個性；左岸咖啡館的品牌風格則是民初翻譯小說的語氣，黑白攝影時代的視覺作品與古典音樂的混搭，五四運動的東方人遇上十九世紀的歐洲音樂家，一個真正東西文化交

流的新感覺。

從一支好廣告到一個真正的品牌

　　我創造新的品牌的祕訣就是：一定要給品牌一個前所未有的新鮮感覺，這種新感覺就是將二至三種極端的元素重新融合，藉此創造一個新的作品風格，也只有夠新鮮的感覺才能快速有效地切入市場，切進消費者的腦海與心靈。全聯福利中心的廣告也是一個很好的例子，全聯品牌的個性如果只是一個老實人的話，絕對不夠，必須是「過分老實」的性格才會在煩雜的聲浪中脫穎而出！

　　那天，我和創意團隊一車前往台南統一提案，路上我問劉繼武（當時的執行創意總監）要了我們這天將要提案的電視腳本文案，我看完就說：「這果然是繼武的文采，但卻是一個真正哲學家的文筆，不是一個嘉義女中詩詞社小女孩的作品，我覺得創意人員不應只有一種屬於自己的風格筆觸，專業的創意文案應該可以投入各種不同角色的小宇宙，寫出不同風格的東西吧？」大概覺得我的直言直語污辱了他的專業能力，繼武給我看了

一下他的草稿筆記，他說：「為了今天的提案，我已經寫了五十篇文案，你看看這張是不是你要的？」同時抽出一張文案稿紙給我，我拜讀之後連聲稱讚說；「就是這一篇啊！」「沒想到你這大男人也能寫出小女孩的東西啊！」然而繼武堅決不提這種他認為膚淺的文案，我尊重他的決定，只是繼武這支才華洋溢的廣告片並沒有造成迴響，上片兩週就被下片換上舊廣告繼續播放。

繼武不要的文字被我拾起，大大貼在我這總經理辦公室牆上，直到繼武離職向我辭行的那一天，他坐在我辦公桌前，指著牆上那張被我十分推崇的文案，說道：「請把這張拿下來吧！我每次經過看見它，都覺得是種恥辱！」我明白他也明白了……。七年後，這年因為拍片預算緊縮，只能剪接舊片上映，我又強銷了這篇古老的文案，廣告上片之後不久，繼武從北京打電話給我：「我看到了左岸最新的廣告片，你真是不死心耶！」

許多創意的想法，甚至策略的妙計，雖然當時客人沒買單，我們只能將之放進抽屜，五、六年後卻可能被另外的客戶買走，將之發揚光大，並因此賺了大錢。

例如，全聯福利中心的「什麼都沒有，所以只留給你真正需要的」的概念，應是我在接全聯之前兩年，有一個定位在方便實惠的速食麵，我曾經提過的概念。當時的談法是我們省下過度包裝、省下印刷費、省下廣告費，給你最實惠的一碗速食桶麵，然而這個新品後來沒有上市。在聆聽全聯董事長介紹全聯時，這個「什麼都沒有才好」的想法立刻回到我的腦海，成為全聯的第一份創意簡報，開啟了全聯的成功坦途。

我對左岸咖啡館最大的貢獻，就是將一支好廣告發揚光大成為一個真正的品牌。而大部分的人不懂得如何去蕪存菁結晶一個可持久的廣告主軸，大部分只是盲目追求日新月異的全新廣告，大部分的人不懂得如何讓客戶瞭解持續好廣告的重要，大部分的人不相信唯有堅持一致的風格語氣才能將產品擬人化成一個有靈魂的品牌。當左岸咖啡館真正成為一個品牌時，就能順利解決原始的商品課題：「如何讓產品溢價！」

如今，左岸咖啡館，仍放在貨架上好好的活著，即使將來我退休時，甚至過世時，左岸咖啡館將依然存活

在這個世界，左岸咖啡館完整了我在這行的經歷——從零到有，打造一個真正有魅力的品牌，讓我在廣告這行不虛此行，並且留下永恆的紀念碑。

同場加映

　　二○一一年，我和 Sandy（當時奧美中國的訓練總監）來到廣州最火紅的創意廣告公司英揚傳奇講課，這是配合公司併購進行前的一項友好相親敦睦之類的活動。會後，豪爽的創辦人 Ruby 帶我和 Sandy 一遊她平日吃晚餐的小店，木製裝潢保持著一個低調的高品味，菜還沒上來就是三杯烈酒，就是要先乾為敬的豪邁情懷，Ruby 給我和 Sandy 倒了第二杯的烈酒後，就對 Sandy 說：「待會我要對桂爺說的話，妳可不要介意，那是我的酒後真心話。」Sandy 還未回神，Ruby 就猛一回頭對我說：「桂爺，你是我們的偶像啊！」我心想當她說的是客氣話，被她看了出來，她用很鎮定的眼神對著我說：「我在廈門大學傳播系念書的時候就是在研究什麼是真正代表中華文化的廣告，那時我們大陸的廣告太落伍，於是我轉向香港、新加坡取經，結果發現都是洋氣十足、完全西化的思維，做中文廣告唯有您的左岸咖啡館的案子和許舜英的中興百貨是我們系上

集體觀摩的個案，是中國真正的好廣告，新加坡和香港的廣告已經沒有中國的味道。」

　　一支從沒有在中國大陸播放的廣告竟然可以流傳東北地區，也令我感到十分訝異。那天我到了陽光嘉信，也是另一家併購公司演講，課堂上一百多人本來對我這看似聲音軟弱無力、行動散漫的老師有點不敬的懷疑，直到我介紹左岸咖啡館的案例，全部一百個學生眼睛都亮了起來，甚至下課排隊紛紛要我在他們的筆記本上簽名，原來左岸咖啡館那種特殊混搭的筆調，有點文學、有點哲學的文青味道，吹起整個東北廣告界摹擬的廣告風格與語氣，長達三年之久，仍未結束。檢視一個廣告是否成功最直接的標準就是是否有人摹仿。

02 全聯奇蹟
──做對了就不要亂改的策略洞察

當我們無意找到了一個成功的廣告按鈕，千萬不要移動。因為繼續這個廣告活動將會讓你的收銀機繼續響不停。

一個好作品，往往來自開始。

全聯福利中心的第一次工作簡報是由全聯董事長林敏雄親自說明，地點是在他建設公司的辦公室，而不是在全聯的會議室，而且就是董事長一個人與我和另外兩位奧美夥伴，一位是唐心慧，她爸爸是董事長的朋友，這個生意是唐心慧引進的，另一位是李景宏，剛升上來的總經理，也是我過去的最佳智囊。一開始董事長並不是有紀律地介紹他的商業課題，而是有點自怨地聊起經營全聯的辛苦，由於利潤很薄，他必須到處省錢。

「7-ELEVEN都是開在十字路口，我們的店都是開在社區的巷內，而且沒有停車場，就是要省下租金，一般超商天花板都安置了X支日光燈，我們只能安裝Y支燈管來省錢，一般超市的走道寬度有A米，我們的只能有B米來節省空間……。」其實他要表達的是，全聯福利中心在民營化之後，為了要在這麼競爭的環境中繼續保有福利中心的價格競爭力，必須錙銖必較，每分錢都不能浪費。

我聽著聽著就想起兩年前為了統一上市一款物超所值的平價泡麵，當時提案的一個策略故事，故事原型是「我們省東省西，就是要給你實實在在的一碗麵。」所以該泡麵的桶裝包裝沒有彩色，只有黑白印刷，連油墨都節省，平面廣告都是買最小的版面省下廣告費……能省的都省，就是不省真材實料，給消費者物超所值便宜實在的好麵。當時命名Super麵，定位為取代正餐的速食麵。還好，當時這個商品因為怕上市後，被消費者當作正餐導致營養不足，而停止繼續開發。不過策略原型被保留下來，轉而在全聯的平台發展發光，成為台灣近年來傳播幫助銷售的最佳案例！

話說，聽完林董的苦經之後，回到公司，我在三樓電梯旁的抽菸室裡遇到了李景宏，很有默契的，他也想到了「什麼都沒有」才是最便宜最好的支持點，所以我們一拍即合，第二天就找了策略及創意團隊來簡報，當時的執行創意總監胡湘雲與現在的執行創意總監龔大中，也認同。業務陳婉瑜與創意夥伴根據這個「全聯什麼都沒有」的概念，又去追問客人還有什麼「不如人」的地方。後來知道全聯正打算改用石英磚換掉原來陳舊的地板，我們連忙建議暫時先不用換了，這些所謂「不如人」的地方，正是支持全聯並沒有什麼成本可以轉嫁到消費者身上的證據。

　　這個「什麼都沒有」的策略背後有著一個消費者洞察：「羊毛出在羊身上」、「天下沒有沒吃的午餐」。所有成功策略的根據，一定有一個顯而易懂的人性洞察或消費心理，全聯的廣告片是一個老實憨厚的平凡人，很直白地介紹全聯福利中心沒有明顯招牌，沒有寬闊走道，沒有漂亮制服，沒有美觀的地板，沒有停車位，沒有刷卡服務，只有實實在在的便宜。

相信專業的好客戶

　　這支廣告上映後，立即成為人們討論的話題，人們覺得意外，怎麼會出現如此自曝其短的廣告宣傳。上片不久，甚至全聯內部有些擔心的聲音。開會時，我就直接問了董事長覺得這支廣告片如何？他說前兩天他去參加一個社交晚宴，遇到一位女士對他說：「董事長，你們怎麼上了這麼一支好土的廣告片啊？」他就問她：「那麼，你回憶這三個月來有沒有記得什麼廣告？」她想了許久才回答：「我想不起來耶！就只記得你這支好土的電視廣告。」他回答她：「那就表示這支廣告是很成功的啊！」有了董事長的祝福，我心裡非常高興，而廣告也繼續播出著。

　　我覺得林董事長真是個好客戶，什麼是好客戶？就是知道自己要什麼，知道自己不懂什麼的客人。知道自己要什麼的人才會給予代理商一個明確的商業課題，知道自己不懂什麼的人，才會相信專業，並且懂得如何運用專業。我們這十年來提了許多創意給董事長，而董事長最常有的回饋是「這個創意我看不懂，但我相信你

們」，或是「這個廣告怪怪的，但我相信你們」。就是他這種相信專業的態度，讓奧美的團隊更加努力，追求卓越的專業水準。

全聯的第一支廣告上片之後，很快就成為當年最紅的廣告，客戶很高興地在一次開會之後，拿了許多日誌本送給我們，我們一看這些日誌全是來自不同廠商的印製，比如：寶鹼，聯合利華……實在真省。時間過得很快！就到了第二年要製作新年度的廣告片，於是客戶和大部分的客戶一樣期待一個全新的腳本，希望能夠再創高峰。

然而，我向客戶說了一個故事：

「幾年前，柏青哥這個遊戲從日本風行到台灣，我身為廣告人，對於流行的事物，總是需要去嘗試，探索與瞭解。於是我和幾個要好的同事就進去了一家林森北路上規模不小的柏青哥店。對著遊戲機，我是完全不懂怎麼玩，只能看著左右的客人，跟著有樣學樣，我投下代幣轉動旋鈕，投了幾回，忽然機器鈴聲大響，閃燈亂轉，機器內的鐵球不斷滾了出來，我嚇了一跳，不知怎

麼回事，難道是我把機器弄壞了，正想去動一下轉鈕，調整一下機器，旁邊的老顧客熱心地阻止我，說千萬不要亂動，恭喜你，中大獎了，獎金鐵球叮叮咚咚不斷繼續掉出來，我贏了三千多元……。這個故事告訴我，當我們無意間找到了一個成功的廣告按鈕，千萬不要移動。因為繼續這個廣告活動將會讓你的收銀機繼續響個不停，我們應該持續一個成功的廣告，直到收銀機的響聲停止。」

全聯的客戶聽進了我的忠告，結果相同的廣告定位與風格持續了十年，成為台灣超市通路的第一品牌，無論在銷售上、形象上和店數上，都是第一！

往往在創作的過程中，我們並不知道做對什麼事，但是當創作作品獲得廣大宣傳的效果時，我們必須回顧並且理解到底在這過程中做對了什麼。商業性的創作和所有的商業行為一樣，都是經過無數的風險評估與管理，目的都是想獲得最後結果的成功，但是成功的總是少數。然而，商業性創作行為最可惜的就是，當你有了成功的作品，卻不懂得持續下去；當我們的作品在市場

有了迴響，我們必須要做的是透過專業的思維，結晶出到底是什麼元素挑起人們的新鮮感，並且梳理出到底是什麼因素引發人們的共鳴。

所有偉大的品牌，都是因為品牌背後的那些人，懂得珍惜他們擁有的廣告資產，並且將其發揮到極致，使之成為品牌資產。建立品牌的兩個途徑：一個是遇到了一個big idea，便好好珍惜，持續保有；另一個則是找到了一個small idea好好培養，使它成為一個big idea。以上說的道理很簡單，但卻是太少人做到，因為大多數的人都習慣用改變與突破的偽正義，來滿足喜新厭舊的人性。

全聯福利中心品牌背後的推手們，持續了一致的訊息、一致的風格十年，再次證明「持續」不只是美德，而是持續成功的成功方程式，以下節錄一篇來自中國大陸專門收集最佳案例的《品牌觀察》雜誌的總編輯鄭學勤，在他的微信上所發表的文章。（見下頁）

同場加映

沒有笑聲和淚水的艾菲獎算不上好作品

評委們擔心今年艾菲全場大獎又會出現空缺的情況。因為已經有這樣的先例，二〇一三年可口可樂昵稱瓶拿到中國艾菲全場大獎之後，二〇一四年艾菲全場大獎空缺。中國缺乏實效創意，成為業界的共識。

其根源在於，中國企業家不願意為實效創意買單。對此，艾菲中國祕書長吳孝明老師（他同時是宣亞的總經理）講了一句老實話：我們每次都準備了三個創意，企業家往往選的都是最差的創意。為什麼？因為那是一個企業付費最低的創意。

沒有一個好的土壤，植物無法結出豐碩的果實，這個道理淺顯易懂。所以，不能片面責怪廣告人的浮躁，其原因還是廣告主的浮躁。

儘管今年艾菲最終頒出了全場大獎：百度用技術重現加德滿都，但是仍然缺乏説服力，這從頒獎現場的掌聲就可以有一個直觀的判斷。一個好的作品，當它呈現時，一定能夠獲得經久不息的掌聲。

　　這個作品獲得的掌聲分貝和經久度，甚至不如第二天台灣奧美阿桂（葉明桂）分享的全聯福利中心案例。這讓我擔心，艾菲的規則是不是有那麼牢不可破？

　　全聯福利中心案例拿到了長效傳播類金獎，也獲得了全場大獎候選資格。老實説，百度案例的創意，遠遠不及全聯福利中心，其實效更是天地之別。我在現場做了調查，絕大部分的人都是作出同樣的判斷。

　　為什麼會是這樣的結果呢？大家從案例的名稱，也能大致得到一個答案。百度案例裡面有一個詞：技術。因此，説白了，百度案例還是一個技術，並非一個藝術。

　　而創意，恰恰講求的是藝術。百度用一個技術，再加上土豪的投入，拿到了一個全場大獎。這成為

了中國廣告人的悲哀。

以後，大家為技術鼓掌就好了。

我們再來看全聯福利中心案例，台灣奧美花了十年時間，為其拍了一百多個廣告片。這一次，阿桂給大家帶來其中的十三個短片，從擠牙膏、洗髮水、颱風、健身動作、曲奇、中元節（鬼片），到購物車、全聯好菜食譜等，可以看出每一個作品，阿桂都花了無限心血在雕琢。

最難得的是，十年如一日，廣告風格一致，就連主角都沒有變過，廣告語「實在，真便宜」直抵人心。廣告片用自嘲口吻，把主角過分老實（常常曝光自己的短板）的一面，主動呈現在人們的面前。每一個短片，都自成經典，讓人捧腹大笑。當把這些經典連貫起來，無法不讓人拍案叫絕。

這個作品獲得的掌聲，超過艾菲所有作品掌聲的總和。

我常常講，沒有笑聲和淚水的艾菲獎算不上好作品。這在我第一天觀看艾菲國際作品時，就深有體會。

艾菲韓國主席分享的送外賣 APP 案例就讓人捧腹大笑。韓國著名演員柳承龍一個騎馬動作，拍攝過程極為搞笑，讓我立刻就有忍不住要進行模仿的衝動。果然，廣告播出之後，韓國的男女老少都在重複這個騎馬動作。一個小女孩臥在家裡的地板上，做出的騎馬動作，更顯示出她的可愛和天真。

艾菲馬來西亞主席分享的 BSN（銀行）案例，通過擬人化的動物貓，做出搞笑動作、說出幽默語言，帶給人們笑聲和淚水的同時，也拉近了人們與 BSN 的距離。

吃晚飯的時候，我剛好跟貝因美副總裁陶楊坐在一桌。貝因美請張柏芝拍攝的一個廣告片，給我留下很深刻的印象。廣告中「是他讓我懂得，可以扛得起，也可以放得下，可以哭著微笑，也可以笑著流淚」的台詞引起了很多媽媽的共鳴，也引起了我的共鳴。

我希望，未來再到艾菲盛典，可以看到「哭著微笑、笑著流淚」的全場大獎。我相信，這也是艾菲實效的一個重要指標。

今天上午就要離開西安廣告節了，離開艾菲現場了，感謝 OWEN（國際艾菲中國區執行主席賈麗軍），感謝艾菲，為全體中國廣告人組織的一次精神盛宴。

最後，再做一個分享。全聯福利中心案例，並非只是一個笑點廣告，它的當中也隱含了淚水。當阿桂放出第一個短片時，人們站在全聯福利中心門口，居然不知道它就在面前，讓人感到心酸落淚，這時我們的狀態應是「笑著流淚」。當看完十三個短片，我們已是笑出了眼淚，此時熱烈的掌聲，代表了「哭著微笑」。

我向阿桂致敬！向台灣奧美致敬！

當我知道阿桂已經接下大陸的一些訂單，我為他感到高興，也期待著他能帶給我們更多有「笑聲和淚水」的作品。

在我的心目中，今年的艾菲全場大獎，正是阿桂出品的全聯福利中心案例。

二〇一五年十月二十七日早上

03 **Be There,真實接觸,台灣高鐵**
——銷售的藝術

往往我們會用太多的資料、過多的論述,來掩飾我們思考不足或想法不突出的缺點,行銷傳播的領域,真正有用的只不過是一頁有意義的觀點。

那天,Rae,鍾蕊芳,台灣高鐵的行銷總監,我從未見過,透過朋友的關係,她打電話給我說她想要比稿,因此想認識一下奧美,並且問我能不能推薦另外兩家廣告公司來參加比賽。這是潛在客戶相當少有的事,竟然要我來選擇我的競爭者。我口頭上說讓我想一想,但在我心裡已有打算,就是要想辦法讓她打消比稿的念頭,而直接僱用我們。

贏得生意的第一個思考,就是選角。所謂選角就是選擇參與作業的團隊成員,選角就像表演舞台,選擇最

適合的演員扮演最合適的角色,當選角適當時,這齣表演就已經成功一半。於是我思考:應該要介紹什麼人給Rae才會讓她印象美好,因而毫不猶豫選擇奧美。

在我心目中的名單是當時的創意總監Murphy,以及總經理梅可漢,我的助理企劃Winnie,當然還有我自己。但首先,和Rae初次見面,我想找一個最適合的地點,我希望是一個安靜溫暖的空間來彰顯我想給她的印象:頭腦清楚、親切傾聽。我詢問了許多同事有關高鐵公司附近的餐廳,因為在她公司附近會面可以提供她舒適自在的環境來打量我……。那天下午我和Rae初次見面,相談甚歡。

第二天,我帶著ECD(執行創意總監)Murphy專程到高鐵公司拜訪,介紹了Murphy的幾個得獎作品,三支電視廣告、六套平面廣告。擅長報獎打樣的Murphy,將他的平面作品整理得乾乾淨淨、大大方方,呈現出國際感的包裝。有時,內容雖然重要,但包裝也很重要,許多失敗的故事,內容雖然很好,但包裝過於拙劣,才導致失敗。有人說「包裝過度會失去內容的核心」,那是

懶人的藉口。Rae對Murphy的作品集十分滿意！

第三天，我和Rae約在Neo 19二樓的義大利餐廳吃午餐，Rae帶著她的左右手，我則帶了Winnie前往，我在這個午餐相當沉默，讓這兩位女性暢所欲言。調研出身的Winnie早就做好有關高鐵的市場資料整理，談話的內容充滿知識。我們在午餐結束前，向Rae與她的夥伴提出了邀請：前來奧美參訪，Rae接受了我的邀請，一週後帶領她所有的隊員一行十人，聽取了Winnie在內部已經練習多次的世界各地著名的高鐵廣告案例。

心機巧思的背後思考

之後，Rae願意先和我討論一下服務合約的初步條件，但這回我則主張地點在我們的會議室，談錢，最佳的地方就是在自己的地盤。重點是在Rae來公司的前一天，我特別叮嚀當時的總經理說：「明天早上十一點會有高鐵這個非常重要的潛在客戶到公司來，我特別安排『路過』你的房間，希望你想一想如何用兩三句話贏得她對你的賞識！」第二天，Rae從工地參訪後直接來奧

美，腳上穿著保護足部專用的鐵鞋，在我刻意安排的「路過」，Rae向梅可漢驕傲地展示了她腳上千斤不壞的鐵鞋，梅可漢問她可不可以讓他踩踩看，Rae毫不遲疑說「好啊！」梅可漢也毫不遲疑地跳起來用力踩踏Rae的腳。那一幕真是奇怪的情景，一個老外大力地踩一個瘦小女子的腳，而這個瘦小女子卻樂不可支，洋洋得意。接著梅可漢就向Rae建言：從一個老外角度的觀察，許多老外現在來台辦完公事就離開台灣去別的地方休假度假，這樣很可惜。其實台灣的中央山脈，有著全世界最美麗的風景，高鐵應該考慮如何讓老外來台公辦時，多待一日台灣遊。

大部分的認識模式，相互介紹團隊，雙方都選擇雙方人馬集體在同一時間，在同一個會議室，正式集體的互相介紹，我則選擇在不同的時間，不同的地方，個別介紹團隊。因為我認為只有一對一的對話是最好的溝通，只有分別介紹才能突出個人特色，我不追求省時省力的效率，我要求效果。

後來，我們簽約之後，我追問Rae為什麼將台灣高

鐵的傳播服務工作交給奧美，她說：「奧美擁有這麼多各種優秀人才，我怎能夠不採用呢？」她說的一點也不錯，事實上，她並不是被我的心機巧思所擺布，而是經過智慧的考量而決定放棄她原先打算三家比稿的初衷。而我，我想了許久，也真不知該向她推薦另外哪兩家來參加比稿？因為如果你去訪問各家廣告公司「誰是業界第一名的廣告公司？」每家公司的答案當然是自己，可是當你問誰是第二名呢？大家都會異口同聲地回答：「奧美廣告。」

Rae的老闆是有名的殷琪小姐，我認為她是偉大的人物，她的青春歲月獻給了台灣的文明進步。近年我出國難免比較，覺得大陸進步神速，認為日本處處值得學習，但是台灣有兩個文明建設，我認為領先大陸，不輸日本，一個是7-ELEVEN便利超商，一個則是台灣高鐵。7-ELEVEN便利超商4000家的社區中心分布全台灣，台灣高鐵從北到南400公里讓台灣成為一日生活圈。台灣高鐵是台灣最文明的地方，如果你有機會，請你參觀一下高鐵車站的哺乳室，你就會更明白我的意思。徐重仁先生打造7-ELEVEN便利超商的基礎，殷琪小姐奠立了台灣高

速鐵路的里程碑，我好幸運曾為這兩位賢明智慧的客人服務過。

坦率明朗的董事長殷琪

「開了一天讓人煩悶的會議，終於等到和你們開會！」殷琪這麼開場了我們提案的會議，我猜想很多客戶都和殷琪一樣同感，整天數字目標或人事問題的會議遠不如代理商的創意提案來得生動有趣！代理商的會議充滿聲光電與故事，是整天苦悶繁忙中的偷閒。廣告會議總是非常重要又實質的議程，只是大部分的客人不會像殷琪小姐這般如此坦率表達。

我接的高鐵第一個任務便是高鐵的通車典禮，為了提高我對通車典禮的關注，殷琪特別託Rae帶給我一本書，內容是記載著日據時代台鐵南北連接的通車典禮。我因此知道：原來象徵台中公園的池上涼亭（湖心亭）正是當年通車典禮接待貴賓的簽名之處，我意識到通車典禮不只是一個開啟營運的儀式，而是具有歷史意義的紀錄。透過這個送書的小動作，強化了我在通車典禮

這個服務項目的使命感，也加強了我在心力與勞力資源的全力投入。這個借書給我看的小動作真是個管理的藝術，同時也婉轉拒絕了我原來的主張：在開通當日不舉辦通車典禮，並且所有高階主管親自上線做客戶服務員來打造一個節約的故事，創造公關宣傳的新聞點。

殷琪對創意作品的反饋，總是精闢有道理。原本，我們打算強調高鐵是最不污染的交通工具，以增加人們放棄其他交通工具改乘高鐵的合理性，我們做了三張平面作品，主視覺呈現的是水淹大台北，一個空污造成地球暖化的戲劇化表現。但是殷琪認為這個表現太過自大，高鐵雖然沒有廢氣排放，但是高鐵所用的電力也是來自有污染的火力發電，等於間接污染了空氣，如果使用這個訓話式的訴求，其實是五十步笑百步罷了。

我發現：所有我認識的卓越領導人都具備雙重的能力，一方面很懂得做生意的道理，另一方面也深諳做人的道理，他們既是個生意人也是個哲學家，對實際的數字非常務實，對抽象的東西又很有能力將之具體表達，不僅說明清楚，也讓人容易明白。殷琪小姐也不例外，

她是個說故事的高手！

事實上，大部分的領導者都不是只會數鈔票的冷血怪物，而是有血有肉的情感動物。殷琪看完我們拍攝整理的六分五秒高鐵紀錄片，被自己的故事感動得哭了起來。說來也不奇怪，每次我交片時，客戶哭得越久，我除了忙著找到面紙遞出的同時，心裡總是感到非常高興！

台灣高鐵工程紀錄片網址為：

https://youtube.com/EjwfrqUE4g8

「真實接觸，Be there！」這個台灣高鐵品牌主張，希望它能長長久久，「Be there！」這個英文詞其實是向我過去的親密部屬王興學來的。有一天，王興和我聊到親子之道，她說：「我每天晚上陪兒子做功課。」我問：「妳會教作業嗎？」她說：「我不會，孩子們自己

會做，他們所需要的只是你要 be there 陪伴！」

　　台灣高鐵最主要的競爭者不是航空公司，不是長途巴士，也不是台鐵，而是電信公司。如今電信服務如此發達，即時視頻，即時通話，即時通訊，取代人們親臨現場的必要性。可是如果大家只溝通不見面，那麼就影響了高鐵的生意。電視公司也是高鐵的競爭者，演唱會實況轉播，美食節目介紹當地美食，旅遊節目介紹在地生活……，如果人們都足不出戶，藉著電視、網路、神遊觀光，也是影響了高鐵的生意。因此我們提出「真實接觸，Be there！」的品牌主張，只有真實接觸，才是有溫度的溝通，只有身歷其境，才有真正的感動。這個主張與生意直接相關，而且可以非常動人，請你不必等過年，不要等中秋，現在就回家看你親愛的家人吧！他們只期待你真實的擁抱，其他無法取代！

　　台灣高鐵品牌主張「真實接觸，Be there！」的提報，並沒有長篇大論的市場分析、商業洞察、族群區隔、競爭力分析、產品力分析、策略結構、定位結晶、接觸點安排、績效評估……，這些看來有紀律的功課，

全面思考的大規模提案過程，我對殷琪小姐的正式提案，只有一頁紙張，是我深思熟慮、化繁為簡的一頁策略說明，說明品牌主張是什麼，為什麼。正式提案時，我很恭敬地呈上這一頁策略單，忍住自己一句話也沒說，靜靜地讓殷董事長自己專心閱讀，董事長看完，也只回了兩個字：「很好。」於是照單全收。表面看來十分容易的提案，其實一點也不簡單，那是結合身為業務敏銳的觀察判斷和身為策略透徹的思緒與暢順文筆，再加上身為 Team leader 無比的勇氣，才敢用一頁的形式取代了無數頁有聲的PowerPoint提案。往往我們會用太多的資料、過多的論述，來掩飾我們思考不足或想法不突出的缺點，行銷傳播的領域，真正有用的只不過是一頁有意義的觀點，其他添加的只不過是藉著專業感來促使客人買單，我發現越高級越大氣的企業家需要越短越精闢的論點。殷琪，果然是實際又具有想像力、智慧又深具膽識的領導人，她讓我開了眼界！

一般的想法，越重要的提案就用越多的頁數，越不重要的報告就用較少的頁數，這種以企劃書的頁數來顯示重要程度的作法是一個普遍的習性。然而，我認為：

重要報告必須將複雜的資訊消化成有意義的觀點，化繁為簡以便讓真正作決策的領導人，能在日理萬機中從簡單清楚的思路中作出長遠明智的判斷。反而，在不重要的報告時，我卻會將簡單的事複雜化，讓報告因為細節而產生專業感。

我平日對殷董事長的提案，多是簡單複雜版的提案，例如：一封簡單的邀請卡出了四個方向、八套草圖。一通簡單的電話詢問：請我建議一位小設計外包商，我們提供了兩頁四種類別不同的設計師介紹，說明著不同價值及個別的風格、聯絡方式、聯絡人名。平時小題大作、專業十足的報告和服務累積起來，贏得客人在專業上的信任，才能在大提案時，只需一頁紙張就完成了。

人生總是這樣，平日所有的努力，就是為關鍵時刻做準備。

　　贏得生意的首要思考是選角，適當選擇成員，是生意成功的第一步。

　　其次是選擇見面的地點和方式。採一對一，而非集體見面方式，以求最好的溝通，著重效果甚於效率。

　　同時，必須要真實了解客戶，知道客戶的競爭者是誰？要明白清楚品牌主張是什麼，以及為什麼。

　　行銷傳播領域中，真正有用的是精闢的有意義觀點。越重要的提案越需要化繁為簡，以利決策者作出明智的判斷。

　　平日可以化簡為繁、小題大作，讓報告在細節中顯現專業，結合對客人的服務，以贏得客人的信任。

　　最後，卓越的領導者既懂得做生意、也深諳做人的道理，對數字非常務實，也很有能力具體表達抽象事物，通常會是說故事的高手！

Part Two

一些硬道理

04 你真的懂定位嗎？

我在這行經歷了三十年的策劃工作心得，向許多聰明智慧的客戶學習，終於梳理出完整通暢的定位模組，而且在中國登記了專利版權，稱之：桂氏三角形定位模組，藉由本文，在此分享多年結晶的心得。

定位，是所有行銷思考最基本也是最重要的決策。是做任何生意的根本，也是展開所有市場活動的依據。有了明確又正確的定位，我們才可能知道產品繼續改進的方向，才懂得怎麼定價可以獲得最大的收益，才能選擇最適切的通路，有效接觸最有可能購買我們產品的地點。當然也為我們宣傳的主軸提示正確的路線。

什麼是定位？

定位的定義，就是一個商品要賣給誰？他們把這個

商品當做什麼？還有，他們為什麼要買這個商品？

　　如果用一句話來說明定位，便是：「對誰而言，我是什麼？給你什麼？」這三個看起來簡單的填空題，卻必須要有精密的思考以及相當足夠的市場資料，才能純化為這一句話。

　　所有生意都要思考定位問題。即便是開一個小小的路邊咖啡館，你也要仔細思考並且決定：造訪這家咖啡館主要的客群是什麼？是路過的路人還是專程來這裡培養感情的情侶們？他們將這間咖啡館當成什麼？咖啡館不只是咖啡館，也許是路人解放緊張的休息站，或者是情人添增愛情的孵化地。他們為什麼來這裡消費？路人也許是為了打發時間，情侶應該是為了讓彼此關係更密切。

　　定位運用的範圍很廣，政治家或政客都需要在社會大眾心中建立定位。國家的定位，影響整體經濟發展的重心，以及外國人對本國生產的商品形象。對台灣人而言，去日本觀光與去美國旅遊的意義不同，因為日本與美國在台灣人腦海裡的定位不同。更重要的，瞭解個人在組織中的定位，則是知道自己在事業上該往何處發

展，確認要發揮哪方面的專業，明白自己該改善那些弱點的最佳指標。曾有一位人事經理，在課堂上回答我，他在公司的定位是：「對公司而言，我是一個協調者，創造公司快樂的環境。」

定位的三個不同層次

這三個層次依序分別是產品定位、市場定位、傳播定位。由上而下，從物理性的定位轉化成心理上的定位；從人類的生理行為演進成心靈感受；從具象變成抽象的；從左腦延伸到右腦，從理性推理到感性。

產品定位，差異化的特點才能勝出

產品定位的描述，同樣是「對誰而言？我是什麼？給你什麼？」只是在「對誰而言」的項目是用統計學來描述目標對象群體、使用年齡、性別、職業、居住地……等可以統計的消費者描述。在「我是什麼」的項目則是描述屬於什麼類別。例如：洗髮精類、交通類、別墅類、食補類。最後一個項目「給你什麼」描述產品

特點,所謂產品特點,當然是指產品與眾不同的特別之處。雖然,在這個時代,大部分的產品並沒什麼特點,而有特點的產品越來越少,因為科技日新月異,加上市場的學習力快,要和競爭者保持差異越來越難。

但,一個差異化的特點往往比一個滿足大部分消費者需求的利益點,更能幫助生意。因為只有差異化的品牌才能真正幫助生意的成長,我相信,許多讀者不一定會認同我以上的論述。

我可以瞭解,當我是初學者時,想法也一樣,經過多年的實戰經驗才令我深信:一個小小的差異化遠比一個大大的需求,更具備銷售魅力。「特別好聞的香味」、「特別舒服的手感」、「顏色獨一無二的藍光」都可以是產品故事的最佳起點。

可惜,大部分商品無法有任何真正的特點,於是我們也只能採用對消費者有意義的需求點,當作產品特點來思考。

產品定位通常是行銷鏈最前端的研發人員應該負責擬定的，研發人員要根據產品定位來研究發展具有競爭力的產品，根據定位來思考這個類別的品質標準是什麼？產品是為哪一種人來設計？年輕的女子？年長的男人？還是中年的白領？這個族群的消費人數人次足夠多嗎？根據這群人的喜好來創造產品的特點。一個發明能力強的團隊會先從產品特點來切入；一個生產能力弱，但生意頭腦好的公司組織，會從消費族群來切入；一個資源龐大，企圖藉由結盟、生產鏈，甚至改革生態圈的企業集團，則會從思考要投資什麼類別來切入。產品定位就對那些用統計學所描述的人群而言，XYZ這項產品是屬於什麼類別，具有怎樣的產品特點。

市場定位，沒有選擇，就沒有策略

　　市場定位則是「對什麼族群XYZ的用途是什麼？提供什麼好處？」如果一定要比較，市場定位，是最重要，也是最困難的工作。

　　首先，我要特別強調一個行銷的真理，那就是「沒

有選擇，就沒有策略」。策略的基本精神就是選擇一個方向，選擇一條路線，選擇一個方法；沒有選擇的話，就會是沒有方向、沒有原則、也沒有方法。這看似很簡單的道理，可是在我服務過的客戶中，有80%是沒有選擇，通常都是這個也要，那個也要，重點太多變成沒有重點，完全不合乎定位的真理。這和成為一個優秀的領導人是不一樣的，優秀的領導人必須兼具許多不同的專業，必須具備處理矛盾的能力，又感性又理性，能傾聽又會表達，要有愛的力量也有鐵的紀律，要好又要快，要人性也要賺錢，有偉大理想也能有商業頭腦，懂策略又懂執行細節。

定位則是完全不一樣的思維，唯有聚焦是真正的道理，而勇敢選擇是唯一的方法。

市場定位的第一個選擇是：你要將產品定位在什麼人群。市場學最精華的部分，就是市場區隔，而如何區隔則是其中最棒的學問。常見的市場區隔的方法多半是從統計學的角度來分析，在我看來，那是產品區隔應該運用的方法。能幫助我們思考並啟發策略的分析，必須

找出不同族群不同的特質，而不只是不同年齡不同的性別。至於如何定義不同族群的特質，則必須和我們的產品是屬於什麼類別，當成什麼用途有關。

以房地產為例，一棟房子是當作住家還是當成別墅銷售，它所對應的消費族群將有所不同。即使不論用途是住家或別墅，兩者目標族群都是針對35歲到45歲的中年男子有錢人，但他們在買住家與買別墅的心理是不一樣的。住家要求安居宜住，別墅追求山明水秀，同樣是在一線江景的高級房產，當居所購入的人可能有重視社會地位與強調調養身心兩種族群。而當作別墅購買的人也許分為重視社交功能或保護隱私兩種不同的族群。

在市場區隔中，統計學的定義不好用，行為學與心理學的定義才好用。

族群要如何定義？

許多國際性的品牌，為了行銷全球，通常會花相當的調研費用將該（產品）類別的人群，用很科學的方

法分類成六至八個，甚至十個以上不同性質的族群，但是，我所接觸的絕大部分廠商沒有這樣的調研結果來做為市場區隔的基礎，因此我通常將消費者區隔用「田」字型的分析圖來表達。我認為只要很認真地將市場區隔成四種不同類型的消費者，在大方向上已經很足夠運用了，在「田」字型的分類，我建議可以用行為與態度兩個緯度來做分類，這是最能幫助推理的緯度。

至於什麼行為和什麼態度要和什麼相關呢？就是要這個定位所屬類別的制高點（high ground）相關，所謂的「制高點」是個只能意會難以說明清楚的東西，是個需要被悟出來的學問。制高點可以是類別利益最高層次的一種情感，可以從探索消費者最想要但卻未被滿足的需求來得知。

例如：在廚房這個空間，人們對廚具的要求可能是耐用好看，但是，人們最大的需求，卻永遠不滿足的，卻是「乾淨」。許多人對料理的過程充滿熱情，但沒有人樂在烹調後的清理打掃工作，於是一個爐火的燃起，都是一個必須事後清潔的結果。對「乾淨」程度的

要求高低，就是一個很好區隔廚具市場的切入點。人們對「廚房空間」是否乾淨的標準不同，有一半的人標準很高，有一半的標準不高，當然沒有人希望廚房越髒越好。另一個象限則是用使用的頻度來定義，這也有兩群人，一群是經常做飯的人，另一群是較少煮菜的人。兩個不同緯度交叉成四種不同的人，有一群是常煮飯又特別愛乾淨，另一群是不煮但愛乾淨的人，第三群是常煮但對乾淨程度要求不高的，最後一群是既不煮又不特別愛乾淨的懶人。在市場上有以上四種主婦，無論她們是家庭主婦或是職業婦女，這四種人對廚具的設計有不同的偏好，對廣告的訴求也有不同的吸收。

小結，當我們要進行市場區隔之前，我們要先找到這個市場的制高點，然後根據這個制高點來定義不同的消費族群。制高點就是最終極利益，是一個到達精神層面的情感利益。可樂的制高點是歡樂，不是清涼解渴；便利商店的制高點是安全感，而不是方便的類別利益。

市場定位，就是對什麼族群，他們想要的用途是什

麼？他們願意交易的理由是什麼？對於在三線城市的土豪而言，擁有上海外灘的豪宅，用途是給他的兒子在上海這個國際大都會，有機會認識來自全國各地各路精英分子，結交未來的生意夥伴。他買這豪宅的好處是幫助兒子累積將來繼承家業的實力，這房子對他的意義是家族企業再擴張、更發達的灘頭堡。

以上，就是一個市場定位的白話文描述，描述著一個市場故事。常聞人言：「市場，不過是講一個好故事。」就是此意。

在市場定位中，除了選擇最佳分類消費者的方式來分析之外，還要從分類後的不同族群中，挑選最正確的生意來源，選擇的原理就是先從你最容易入侵的缺口去奪取應該屬於你的那一份。原則上，就是根據此產品的競爭力所帶來的在某一個族群的局部優勢，來挑選最佳的市場區隔，讓此區隔成為生意的首要目標。有些人會選擇市場量較大的區隔，以為市場空間大，得利的機率就比較大，其實這是誤解，因為較大數量的市場，如果不是你的強項，你一個也吃不到。選擇某個族群就是在

選擇屬於自己生意的地盤，只有在自己的地盤才能生龍活虎地做生意，因為我的地盤聽我的。

另一個選擇生意應該從哪裡來的角度，在於我們要將產品當作什麼用途來使用。

相同產品會因為不同用途而引導出不同的生意來源。例如，當親自動手做麵包糕點的人很少，原本作為膨鬆劑的蘇打粉可以改變用途作為冰箱內除臭劑或洗潔劑，於是新的用途開發了新的生意來源；當市場出現更有效的香港腳藥膏時，李斯德霖在原來泡腳殺菌的用途失去了競爭力，於是用途重新定位成口腔殺菌除臭，瞬間殺死百萬細菌的特點用在口腔清潔，提供人們不怕因為口臭影響了社交的能力，也開創了全新的生意來源。在房地產領域，一個房子用來建立家庭與用來金屋藏嬌的用途不同，生意的大小也不同，根據選定的用途，會自動折射相對應的產品利益點，老婆居住的需要家的便利性，金屋藏嬌使用的需要藏的隱密性。

另一方面，從產品的特點出發所引申的產品利益，

也會影響如何選擇產品所提供的用途是什麼，於是「利益點」與「用途」是個相互的因果關係，我們一方面考慮產品在消費群眾比較競品實際競爭力，另一方面也考慮產品在消費群眾使用產品的主要用途所投射的市場量大小。前者是搶市場的能力，後者是存在的市場量，是選擇一個產品力強大，但是市場範疇較小的定位，還是選擇一個產品力稍弱，但是市場較大的定位，往往是靠優秀的市場總監智慧的判斷，市場定位的大白話就是針對什麼族群提供什麼好處，讓他們用來做什麼？

傳播定位

傳播定位是個精神層次的定位，對什麼樣心理的人而言，本商品擬人化的意義是什麼？滿足人類什麼情感利益？

對誰而言

根據市場定位的消費者區隔，選擇族群之後，去體會這個族群在使用商品行為背後的心理因素，也就是所

謂的消費者洞察。通常運用田字型的分析，我們可以藉由兩兩比較，兩個相異的族群在消費心態或使用動機的不同，去探索專屬該族群的心理洞察。

我是誰

另一方面，必須思考這個族群使用用途背後的意義。例如，面對外灘的豪宅的用途是給第二代在上海學習與擴展人脈之用，意義則是為了企業的再擴張。對於在乎乾淨的女性使用者，廚櫃對她們的意義是展現女人的魅力，因為愛乾淨的女人最美麗。對那些生活品質有要求的人而言，百分百純果汁的意義是提高生活水準的象徵。

事實上，在擬定定位的過程，要上下左右考慮定位三角形的每個端口的相關性，讓消費者的洞察，與商品的意義與商品所提供的終極利益，建立相互補充說明的關係。

給你什麼

　　由產品特點延伸到產品利益，再延伸到產品的終極利益點，所謂終極利益就是人們為什麼喜歡這個商品的情感因素，我們喝可口可樂不只是清涼暢快的口感，而是內心充滿正能量的快樂感受。

　　傳播定位，定義了部分的品牌元素，有了傳播定位，品牌的主張呼之欲出；市場定位，定義市場區隔及生意的來源；產品定位是定位的源頭，定義產品的競爭優勢及生意的範圍。

　　以上，三合一的定位結構，描述完整的三個不同層次的定位。讀者也許一時無法完全瞭解三層定位的三種關係，但是只要能記得定位就是「對什麼人而言，我是什麼？給你什麼？」就值回書價了。

桂氏三乘三定位模組

說明

定位：

定位有三個層次，都是使用以下相同句型來描述

對_____人而言，我是_____，給你_____。

三 x 三：

根據以上的句型，一層接一層的將定位從產品定位轉化

為市場定位，再將市場定位演化為傳播定位，藉此獲得

總共九個關鍵字。

三角形：

運用三角形圖示將定義定位的三個項目之間的相關性加

以視覺化，以便一目了然。

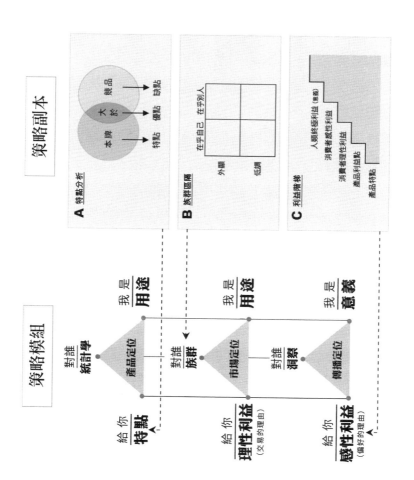

策略副本

策略模組

A 特點分析

本牌 特點 ← 大於 → 優點 競品 缺點

B 族群區隔

在乎自己 在乎別人
外顯
低調

C 利益階梯

人類終極利益（信仰）
消費者感性利益
消費者理性利益
產品利益點
產品特點

對誰 統計學
我是 用途
產品定位
給你 特點

對誰 族群
我是 用途
市場定位
給你 理性利益（交易的理由）

對誰 洞察
我是 意義
傳播定位
給你 感性利益（偏好的理由）

■以高原蟲草為案例，所進行的桂氏乘三定位模組分析

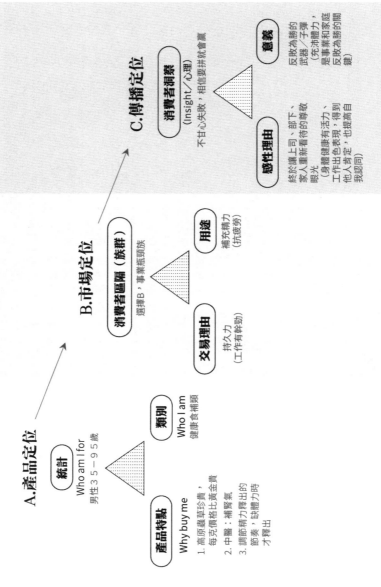

A.產品定位

統計
Who am I for
男性35－95歲

類別
Who I am
健康食補類

產品特點
Why buy me
1. 高原蟲草珍貴，
   每克價格比黃金貴
2. 中醫：補腎氣
3. 調節精力釋出的
   節奏，缺體力時
   才釋出

B.市場定位

消費者區隔（族群）
選擇B，事業瓶頸族

交易理由
持久力
（工作有幹勁）

用途
補充精力
（抗疲勞）

C.傳播定位

消費者洞察
（Insight／心理）
不甘心失敗，相信要拼就會贏

感性理由
終於讓上司、部下、
家人重新看待的尊敬
眼光
（身體健康有活力，得到
工作出色表現，得到
他人肯定，也提高自
我認同）

意義
反敗為勝的
武器／子彈
（充沛體力，
是事業和家庭
反敗為勝的關
鍵）

080

定位，是所有行銷思考最基本、最重要的決策，是做生意的根本，也是展開市場活動的依據。定位讓我們確立產品的方向、確立定價和選擇通路。

定位是什麼？定位是：「對誰而言？我是什麼？給你什麼？」

定位有產品定位、市場定位、傳播定位等三個層次。我們可由桂氏三角形定位模組來了解這三者如何轉化和演化，並藉此獲得九個關鍵字。它們分別是：統計學、類別、產品特點、族群、用途、理性利益、消費者洞察、意義、感性利益。

產品定位

對誰_____　　我是_____　　給你_____
統計學　　　　　　類別　　　　　　（產品）特點

市場定位

對誰_____　　我是_____　　給你_____
族群　　　　　　　用途　　　　　　理性利益（交易理由）

傳播定位

對誰_____　　我是_____　　給你_____
（消費者）　　　　意義　　　　　　感性利益（偏好理由）
洞察

05 如何將產品進化成有生命的品牌

大多數的產品，只有具備品牌之名，卻不是真正的品牌。許多企業只是擁有一個知名的品牌名稱，和一些不錯的產品，但銷售業績主要來自於產品的競爭力而不是靠品牌給力。

一個好產品，本來就應賣得不錯，但是如果它是個真正的品牌，可以賣得更好。

在這個時代，所有行銷人員都會贊同品牌很重要，甚至認為品牌是企業最重要的資產。但是，真正擁有品牌的企業卻很稀少。怎樣才算是擁有品牌，而不只是擁有產品？

我認為，具有溢價能力的產品才是品牌。當品質相同的產品甚至比別人差一點的產品，卻可以比別人賣出

更高價格，這家公司才算擁有品牌，品牌提供的最大的利益就是「溢價」。如果產品比別人好，價格又比人便宜，當然應該大暢銷，如此價廉物美的產品，再擁有品牌的話，它的溢價就會反映在這家公司的股價上，溢價的多少則顯示在公司資產負債表中商譽的項目。

另一個檢驗產品是否升格為品牌的方法就是粉絲數，不是運用水軍或機器人衝出來的假數字，也不是利用促銷賄賂而來的偽粉絲，而是真正的忠實粉絲。忠實粉絲就是當你犯錯，還會為你辯護的人。真正的粉絲是經常與你互動，而不只是為了拿到好處，例如為了一張免費的咖啡券而在臉書的粉絲頁按讚，但是登錄一次之後，從此不再往來。

「溢價多少」與「忠實粉絲數」是評估品牌最直接明確的兩個KPI（關鍵績效指標）。

「擬人化」讓產品昇華為品牌

從交易本質的觀點，人們選購某種產品，是經過和

其他產品比較之後的理性決定，因為該產品的品質好、利益多、有特點、有差異，因此產生了偏好，於是完成交易。而人們選擇品牌，則是情不自禁的喜愛，不必比較，不用PK，就是毫不遲疑地購買，自動自發的分享。

偏好，就是「因為妳很漂亮，所以我才喜歡妳」。偏心，就是「雖然妳不是我的菜，但我就是愛上妳」。透過「擬人化」的過程，產品才能昇華為品牌。

人類通常只會愛上另一個人類，於是，我們如果要讓人們不只喜歡你的產品，並且愛上你的產品，就必須讓人們在潛意識上感覺這個產品不只是個物品或服務項目，而是一個「人」，這才有機會讓人們愛上你的產品。

因此，「品牌化」的原理就是「擬人化」。以下是品牌擬人化的五個方法：

要進行擬人化，可以從人類學來理解：一個有魅力的人，會具備什麼條件？

首先，這個人的內心世界必然是個價值觀堅定、主張明確的人。人們因而認同他的價值，欣賞他的主張，甚至被他的價值主張打動。

　　其次，他的個性必須一致。人們對那些對你時好時壞、忽熱忽冷的人無法產生信賴感，一個嚴格嚴肅的老闆，只要他保持一致，還是容易相處的。

　　再者，要成為一個迷人的偶像，當然要有迷人的風格和迷人的語氣，雖然這是很外表的元素，但卻是讓人一見鍾情的因素。

　　同時，人類是敏感又聰明的動物，總是能毫不費力地明白另一個人類的動機，一個動機不良的人永遠無法贏得人們的信賴。

　　最後，一個有故事的人，總是讓人覺得有意思而去接近他。一個沒有故事的人，想必是個很無趣無聊的人吧！
　　所以當我們要將產品透過擬人化成為品牌，就要透

過以下五個方法來建立品牌：

一、提倡一個動人的品牌主張
二、保持一致的品牌個性
三、創造不凡的品牌風格與語氣
四、投射品牌背後的善意
五、提供一個人們願意參與的品牌故事

我們經常接到一個工作項目，就是為客人進行品牌梳理，所謂「品牌梳理」到底是在梳理什麼？在我看來，就是為產品規劃如何擬人化的方式與手法，也就是為品牌設計以上的五個項目。

一、沒有品牌主張，很難昇華為真正的品牌

什麼是品牌主張？就是產品之所以存在於世的初衷。「產品為什麼而存在？」這個問句和「我為何而活？」「人活著意義是什麼？」有異曲同工之妙。這可能被視為一個好笨的問題，卻也可能是一個最基本的好問題。

在建立品牌的步驟中，結晶一個品牌主張，來指引品牌策略發展的方向，以及指導所有品牌接觸點所需要的「零件」，是非常必要的，一個沒有品牌主張的產品是永遠無法真正成為一個迷人的品牌。沒有品牌主張的產品就像一個沒有氣質的美女，臉蛋再美，身材再好，也只是一個美麗的軀體，沒有靈魂。

品牌主張不只是結構所有品牌內容的原點，而且是有助生意的成長，因為我們最終所要提倡的品牌主張，必須是有利生意發展的主張，而不是一個充滿善良的社會公益，也不是鼓勵人類追求美好生活的道理，更不是一句充滿美好文字的創意作品。真正的品牌主張，應該和產品類別的制高點相關，並且有智慧地利用人性的某一部分來幫助我們做生意。

品牌主張是一句話，但不是一句廣告標語，廣告標語應該是：根據品牌主張闡釋的價值觀所寫作出的創意文采。NIKE的廣告標語是「Just do it」，這個slogan是源自耐吉品牌的主張：NIKE相信「無論如何，最終的公平

正義勢必伸張！」，既然正義終究會來臨，所以凡事不用擔心顧慮，就「Just do it」吧！這就是真正美好的運動精神，NIKE。

再以遠傳為例，「只有遠傳，沒有距離」是這個電信產品的終極利益，「開口說愛，讓愛遠傳」這個Slogan則能傳達一個品牌的價值觀。前者只是說明類別的利益，提醒人們遠傳是一間電信公司，藉此產生識別的作用，但卻不會藉此增加人們對品牌的偏心度。人們只會對品牌所提倡的美好價值觀萌生熱愛的情感，或是被品牌所堅持做人處事的態度而打動內心。

然而，大部分的行銷人員總是以為運用產品帶給人的好處來說服人們購買，才是對生意最直接的幫助，而認為品牌主張、價值觀、人生態度這些精神層次的訊息，是虛無飄渺的，對銷售不但沒有直接關係，而且歷時長久。

事實上，只有人們對產品的情感，才是最有益生意的因素。所以，我認為「開口說愛，讓愛遠傳」比「只

有遠傳，沒有距離」更有銷售力！在台灣，一個品牌的標語，應該要持續五年以上，過早汰換品牌的標語，往往讓品牌主張未能深植人心，無法成為消費者永久的記憶。

真正能夠切進消費者腦海，占領一塊永久的心智資源的，絕對不是一個產品差異化的利益點，而是一個動人的價值觀；差異化的產品利益點只會讓人暫時喜歡，卻不會永遠愛上。

二、品牌個性必須鮮明且一致

無法被辨認出個性的產品，永遠不是品牌。品牌個性的形成，來自一致的文字語調與不凡的視覺風格。

只要品牌的擁有者，在做生意的同時，一直保有真實的善意，並且堅持守法的紀律，品牌的個性，其實沒有好壞。

擬定品牌個性的過程，是科學也是藝術，是邏輯的

學術，也是潛意識的魔法。當我們在為產品設計它的品牌個性時，我們最佳的依據，就是根據品牌主張的精神來擬定。 例如，當NIKE主張 「公平正義勢必伸張」，它的品牌就該擁有一個倔強正直的個性，在傳播上使用的文字是堅定自省的語氣，在視覺上運用出明朗鮮明的風格。

另外一個設計品牌個性的原點，則是根據對生意有利的消費者關係來規劃。例如，在台灣很成功的品牌全聯超市，它的品牌個性就是「過分的老實與純樸，甚至經常自曝其短」，這個品牌與消費者是一種老實人與聰明人的關係（全聯品牌是老實人，消費者則是聰明人）。這樣的品牌個性不但讓顧客覺得親切，同時也讓人樂意與他交易，大家當然喜歡和老實人打交道，誰會喜歡和一個斤斤計較的奸商做生意呢？

要塑造一個品牌個性，還必須要有耐心與毅力，才能讓品牌個性被真正地落進消費者的意識之中。如今，數位傳播盛行著隨著即時的熱點，搭載不同的銷售訊息，但卻忽視保有品牌一致的個性。大部分數位傳播作品隨著熱

點的場景而不同，傳播的語調與風格變化無窮，造成品牌個性的分裂，無法累積產品擬人化所需要的品牌個性。

具有品牌意識的數位傳播和絕對無法建立品牌的數位傳播之間最大的差別是：有品牌效應的數位傳播會堅持用品牌主張的價值觀來回應即時熱點的內容，並且堅持品牌應該有的態度與口吻來傳達品牌對熱點的觀點，而不是直接剪貼熱點的關鍵詞。

品牌主張與品牌個性是我們這一行最基本也是最重要的兩個關鍵詞，但是，卻在新興的數位傳播革命中逐漸被遺忘，甚至被敵意的刪除。「改變」這兩個字，真是我從小聽到大的字眼，無論在與我無關的政治領域或與我直接相關的工作崗位。「改變」不是一個髒字，因為外在改變不斷發生，所以我們必須不斷自我改變；「改變」是不變的真理。但是，人們常常在這改變的過程以「創新突破」的偽正義抹去一些歷久彌新的真道理。

人性是不會變的，品牌的重要是不會變的，品牌化

的原理是不會變的，品牌主張的價值是不會變的，品牌個性的必要性是不會變的。

而我們對客戶最大的價值是「幫助客戶，將他的產品進化成品牌」，是不會變的。

三、不凡的品牌風格與語氣

突出的個性來自於特別的風格與語氣。依我實戰多年的經驗，塑造品牌個性的視覺風格與文字的語氣，很少來自前端策略的指引，大多數是源自創作者的個人主觀的偏好及個人擅長的能力。也許，與其說是一種偏好或能力，不如說是創作者對商品本質與品牌精神的一種特殊的理解與見解。

培養品牌正如養育小孩一樣，是門學問，也是門藝術，即使是參考相同的育嬰手冊，每個父母都有不同的營養成分滲入孩兒成長的過程。同意創作者將個人的理解與見解，甚至准許客戶將自己的偏執加入品牌的風格與語氣之中，是很自然平常的事。

在塑造品牌個性的過程中，最大的風險就是沒有一致的風格與語氣，事實上，要維持一致性，是比想像中的不容易。因為客戶的決策者與代理商的創作者總是不停地替換，接手的人如何有紀律地粉碎自己的想法，按照前人的規範繼續創作，是對人性的挑戰。

四、品牌善意

第四個創造偉大品牌的要素是：讓人們體驗品牌背後的善意。

品牌背後的善意絕對是來自於品牌背後主事者的真實善意，這種善意是品牌擁有者真心的相信：活在世上的意義就是要做一個更好的人類。當今品牌的善意，經常是運用眾所皆知的企業公益活動，或贊助世界上需要被幫助的人來傳達。另一方面，品牌絕對不做什麼，其實也很重要。

許多年前我為統一服務「博客火腿」這個項目，博客火腿的產品特點是堅持七十二小時入味，產品的廣告

訴求是博客火腿七十二小時入味，無論你是誰都必須等七十二小時才能買到。

當時，博客火腿的廣告預算很少，剛好有記者無意間拍到一張殺人魔王陳進興在麵攤排隊的照片，我們創意小組好機靈地就製成一個廣告，標題是：博客火腿七十二小時入味，連陳進興也要乖乖排隊等候。圖片就放上陳進興被偷拍到的排隊照片。這一篇廣告稿提出上呈，一路無人擋，倒不是客戶喜愛得不得了，而是我當時在統一掛有好多立功的勳章，所以銳不可擋，直到呈到顏博明執行副總，他誠懇坦白地對我說：「阿桂啊，陳進興這萬惡不作、姦淫殺人的罪犯正在外逃亡中，我很感激你一心為我們的利益著想，希望我們刊登。但是你想一想，登出來以後大家會怎麼看登廣告的人？大家會覺得我們太聰明了，連陳進興如此令全國害怕的壞人，竟然被統一利用來做廣告，會讓人對統一的印象不好，我們雖無惡意，但我們少了善意。」顏執行副總說完，我內心慚愧，二話不說就把稿子領回，安靜地帶回台北。

品牌背後的善意，不一定是你做了什麼，也可以是你沒做什麼。

五、塑造品牌要賦予品牌一個有感的品牌故事

一般人總以為品牌故事就是一些創辦人如何努力奮鬥，終於成就如今的大企業，或是當時的某種機緣巧遇，無意發現了神奇配方，發明了這前所未有的新產品。例如：大陸品牌匯源果汁的故事就是，創辦人當年在路邊看見一個果農，不斷吃著賣不完的柑橘，心有不忍，想到如果開辦一個工廠，將這些賣不出去的柑橘收購榨成果汁銷售，這些可憐的果農就不會因產量過剩而虧本了。但這個動人故事，不應算是品牌故事，而是品牌歷史。

品牌故事應該是描述品牌之所以存在的初衷，也就是基於什麼社會環境的需要，或是因為什麼人類文明的思維，應運而生的想法，這個想法道盡了該品牌貢獻人類哪些美好，同時也說明滿足了那些我們想要、卻未被滿足的需要。而提供這樣終極利益的品牌，擬人化的

話，他會相信什麼相關的價值觀，他會擁護什麼立場的態度，他會提倡什麼生活主張。

當這些品牌做人處世之道以及永續的使命被清楚的梳理，加上有才情的撰寫，就是一篇所謂的品牌故事。這篇品牌故事就成為所有販賣產品的起頭，讓各種銷售訊息有了正義之師，於是人們才會心悅誠服的購買你的商品。這不是傳播原理，而是消費者吸收消化訊息的先後次序，先有交情，後有交易。

以上，品牌之道。

品牌是企業最重要的資產，但如何知道企業是否擁有品牌，而不只是擁有產品？可以用「溢價多少」與「忠實粉絲數」兩個關鍵績效指標來評估品牌。

當有了產品，想要讓產品昇華成品牌時，最好的方法就是品牌擬人化。擬人化可以透過：提倡品牌主張、保持品牌個性一致且鮮明、創造不凡的品牌風格與語氣、投射品牌背後的善意、賦予動人有感的品牌故事等來建立。

為客人進行品牌梳理，就是在為產品規劃如何擬人化的方法與手法，也就是為品牌設計以上五個項目。

當這些品牌做人處世之道和永續使命被清楚地梳理成品牌故事後，各種銷售訊息也就自然地被人們閱聽，品牌故事成為所有販賣產品的起頭，於是人們才會心悅誠服地購買你的商品。這是消費者吸收消化訊息的先後次序，先有交情，後有交易。

以上，就是品牌之道。

06 將客戶服務進行到底

請將客人真正的需求帶回來，請把客人真正的需要賣給他。

　　遠傳電信曾經是奧美廣告最大的客戶，在我擔任總經理的時代，我親自在第一線服務遠傳，因為當時遠傳電信的董事長徐旭東，同樣站在第一線參與廣告的作業。我對徐旭東董事長有著很好的印象，每次提案完後，徐董事長一定會站在會議室門口和代理商的每位同仁握手道謝，無論這次的會議是否順利。他有次和我握手致謝時對我說：「你啊！不是天才，是鬼才！」我想他應該是稱讚我吧！

　　有一次我們向徐董提出一個創意腳本，要為當時的工作卡（預付卡）拍一支歌舞片，命名為Call me dance，希望在年輕族群中創造出流行的舞步。徐董耐心地看完

我們帶來的日本舞蹈老師與兩位美女伴舞的表演後，就說：「我以為你們會帶來什麼新招，都是老套，真是不如我用功。」隨即叫他的2號祕書去他房間拿了一張光碟來放，我看了徐董放映的跳舞VCR，心想：「這不是很老式的爵士舞嗎？想必是他年輕時代流行的舞步。」但也不敢表明心意，只能要求日本老師立刻按董事長的指示修改舞步，我們一行人現場跟著老師的舞動，幫腔作勢，希望影響董事長的決定。現在想起來，我們當時實在是太做作了！結果，我們所創造的舞步並沒流行，不但不像韓國人的「騎馬舞」有創意之外，也沒有大陸「小蘋果」的簡單易學，我們的舞步太花俏太複雜，觀眾不易學習。

　　這次經驗帶給我的心得是，代理商只要一心想要讓客戶趕快通過的作品，通常不會卓越。代理商為什麼會冒出「只求客戶過關」的心態呢？通常只有一個原因：「太多關卡」。往往在較大規模的客戶主，為了要品質管制，風險管理總是從下到上必須提案好多關卡，先由產品經理到行銷總監，行銷總監之後是營運副總，副總之後才到總經理、董事長。記得大衛・奧格威的書

中所寫「凡是經由委員會所批審的廣告多半是平凡的廣告」，因為成功的廣告必定是單一訊息，單純表達。而有許多關卡時，每一個關卡都有不同意見，為了要包容所有意見，廣告內容就自然包含了許多看不見的雜質。

通常大部分的客人都不願意傷害創意人員，或者不好意思直接說自己主觀的不喜歡，因此常常藉用策略的正義之師，來合理化自己不喜歡或作品不夠創意的事實，於是原來的策略被一點一點地扭曲，最後終於失去策略真正的準心。這種「尾巴搖身體」的例子一直不斷上演，我看在眼裡越來越無法忍受，「當你認為創意不夠好時，不必用策略手段來婉拒。」這是我真心想對客戶說的話。

而本文正是一個資深業務人員，三十幾年來許多正確的或錯誤的案例中，結晶而成的客戶服務心得。

了解需求背後的為什麼

廣義而言，服務業應該是公司上下全部人員的責任；

全體一起服務客戶，滿足客戶的需求，同心協力，追求超乎客戶期待的滿意度。但本文則聚焦在業務人員在客戶服務上直接相關的專業標準與專業技能。因為業務人員在客服上扮演最重要的角色。而業務最重要角色就是將客戶真正的需求帶回來，並且把客戶真正的需要賣給他。

以左岸咖啡館來說，當年楊文隆部長一句指示：「阿桂，利樂包的售價始終無法超越10元的門檻，現在我們找到一種新的包材，希望能將相同的飲料放入這個杯子裡改賣25元。」這就是客戶開發新品的初衷，也就是真正的客戶需求。後來左岸咖啡館的產品不只風靡台灣，左岸咖啡館的成功案例更狂掃對岸大陸的行銷與傳播界，甚至成為傳播學系教科書中的教材，它特有的廣告風格與語氣曾被大陸廣告界的文案競相摹仿，風行多年之久。這一切都來自知道客戶在行銷上的初衷，確立客戶在傳播上的需求：「如何創造15元的價差。」

開始服務客戶的第一步：不只是明白客戶的需要，還要瞭解為什麼他有這樣的需求。

要瞭解客戶的需求，應該是每個人都喜歡掛在口中的口頭禪吧！但要如何瞭解呢？許多人會說：因為我們比客戶更瞭解消費者，所以我們會比客戶更瞭解他應該有的需要。然而，從廣告公司的角度，如果我們不瞭解客戶生意上真正的課題，我們對消費者的瞭解就沒有施力點，於是再多的消費者洞察也是枉然。也有人說：我們可以透過市場研究、競爭分析，加上前面所說的消費者瞭解，就可以找到客戶在生意上的課題。可是，客戶究竟是身在其中，他永遠是比我們更加知道他公司的內幕、市場的現狀、產品的實力、成本的限制、通路的困難，他才知道讓他晚上睡不著覺的是什麼？我們也許能推測一些客戶在生意上可能的需求，但客戶卻一定比我們知道哪一個才是他在生意上真正的課題。如果我們不認清這個事實，我們將會情不自禁地自以為是，同時也失去充分傾聽與客觀瞭解客戶需求的能力。

先學會「問」

　　如何瞭解客戶的需求呢？是「問出來」的。

在對的時機，問對的人，問對的問題，這就是身為服務客戶第一線的業務人員在組織中首要的任務，因為「問出來」的結果將會化為我們所有工作項目的簡報（無論是口頭或書面），成為我們所有人努力的工作內容。

「對的時機，問對的人，問對的問題」的背後，卻是隨時隨地做好功課的精神。

在廣告公司的業務利用經銷商大會，問出經銷代理商與負責通路的主管有關通路的限制與機制；運用店頭的訪問，問出銷售人員（導購員）的販售心得；主動打電話給研究員或廠長，問出產品開發中被產品經理所忽視的特點。還有其他很多很多。在問好問題之前，應該事先準備的功課，這些事前的功課的目的，是讓我們可先行假設，假設客戶可能的需求是什麼。

至於，在面對客戶的時候，有經驗的業務高手，經常會採用以下的步驟與節奏，來進行與客戶之間的互動。

首先，以開放式的問題來展開對話。接著，用積極主動的傾聽來追問再追問、探索再探索，藉此來優化原始的假設，並且校正為客戶的需求。有紀律的提問，是所有業務必備的專業技能，用來瞭解客戶真正的需求。

　　此外，要再進一步提昇業務問好問題的關鍵，就是強化策略思考的能力，而要提昇策略思考的能力，必須藉由不斷寫作而成。當停止寫作的那一刻，便是暫停策略思考能力成長的時刻。因為只論劍不練劍的人，是永遠無法參透劍術的奧妙。

　　再重複一次客服人員應扮演的角色：
　　將客戶真正的需求帶回來，
　　同時，把客戶真正的需要賣給他。

　　換句話說，好的業務不會把不好的東西帶回公司，也不會將不好的東西帶給客戶。許多充滿熱情的業務，往往有個迷思，就是以為替客戶爭取公司愈多的資源，就是偉大的客服精神，於是將許多寶貴的資源浪費在沒

有實質意義，客戶也不真正需要的服務，造成內部資源的短缺，工作夥伴因常做白工而日久生厭，而啟動經營不善的惡性循環，同時也大大降低服務客戶的能力。

此外，在這句話後半段，所謂的「客戶的需要」和前半段的需要，是不一樣的性質，由於，後段的「客戶的需要」是屬於我們在專業上所提供的解決方案，在這方面，我們應該比客戶更有經驗與能力來判斷。到底我們應該做什麼才是幫助客戶解決問題？身為業務，除了應具有專業的鑑賞力之外，還必須具有讓客戶欣然接受的販賣能力。也就是能將好東西販賣給客戶。一個不會販賣的業務員，怎麼算是業務？

如何建立信任

這種販賣的能力，源自於業務強大的溝通技能，以及傾聽與對話的良好態度之外，特別要加上客戶對業務的信任與信賴。客戶對業務的信任，往往來自業務所提供的安全感，讓客戶相信一切的風險將被妥善的管理。

業務要如何贏得客戶的信任？

對一般客戶而言，就是「說到做到」；對客戶的承諾，百分百地實踐，其中最明確的項目就是準時交件。永遠準時交件，看來簡單，其實，背後代表著業務個人的機智與熱情，同時也證明著在其內部的溝通與協調的能力，持續不斷的使命必達，準時交件就會正面地增加客戶對業務的信賴。

在另一方面，當我們觸犯了以下客戶的忌諱，就會失去客戶對業務的信任，甚至因此失去對公司全部的信賴，因此失去客戶的生意。

一、**速度太慢。**因為這暗示著，若不是人員素質太差，那就是所承擔的客戶太多，於是客戶發覺自己總是被排隊在優先順序之後。無論是以上何種原因，都能導致客戶另尋新歡的念頭。

二、**經常換人。**大部分的客戶可以完全體諒，服務團隊的業務因為升官而調職，但他絕對不能原諒，他

原來擁有的精銳，因為生意擴張，而改派去服務另一個客戶。

三、**永不進步**。事實上，客戶一方面不喜歡人事流動，導致他必須不斷地重新簡報；另一方面，客戶卻又無法忍受一直沒有新意的老業務。他希望有一個有經驗但又不斷進步的業務夥伴，一起繼續共同成長。

四、**永不讓步**。大衛・奧格威曾給我們一則家訓：「這是客戶的錢，是他冒最大的風險，理所當然，是他做最後的決定。」當然，我們必須為了客戶的最終利益而據理力爭，但次數夠、時間到的時候，就是我們應該住嘴，趕快奉命行事的時候。

其實，以上這四點的共同之處，就是讓客戶覺得：服務他的業務，不關心他、不關心他的感受、不關心他的業務、不關心他的寶貴時間……。而在奧美工作一段時間的人都知道這句：「Clients don't care how much you know until they know how much you care.」。（客戶不在乎你懂多少，直到客戶瞭解你多關心在乎他。）

不關心客戶是失去客戶最主要的原因，關心客戶則是讓客戶服務從一般服務昇華成一流服務最重要的關鍵。

唯有關心客戶，才能讓具有聰明才智的資淺業務，在不久的未來成為明日之星，進而成為公司真正有實力的領導。因為關心，才有能將心掛在客戶的心上，藉此能明白他所表達的真義，才懂得他指令背後的動機，預測他的想法。因此才可能到達客戶服務的最高境界。

關心客戶的能力，並非來自一味的自我催眠，而是來自對客戶深層的瞭解與體認。因為瞭解一個正常的客戶花在我們這個行業的時間與靈魂，只是他全部工作中的一小部分，因而體諒他不應該懂得那些我們希望他會懂的專業術語。於是你會樂意花時間、心力，來設法讓客戶瞭解，用他聽得懂的語言，依照他吸收消化的節奏來讓他明白。我相信這種體貼掛心的能力是可以學習而來的，雖然有人天生就是超級業務員，懂得討人喜歡，但是，經過學習而來的能力，往往比天生的能力更實用耐久。

客戶不是你的客戶，客戶是你的客人

什麼才是能保持長久健康快樂的客戶關係？所謂「夥伴關係」當然是最標準，放諸四海皆準的好答案。但，再進一步想想，選擇哪一種與客戶之間的關係，藉由這種關係所延伸的行為與態度，能夠培養成健康快樂又長久的「客戶關係」呢？

如果我們選擇以上一直使用的名詞「客戶」，來進行交往，在潛意識裡，「客戶」就是一個帳號，雙方關係的本質就是交易，除了追求公平的交易原則，也運用經濟學的供需曲線來決定與代理商的價格，於是客戶經營的問題就會偏向客戶在商業帳本上的數字問題。

和這種非常左腦（理性）的商業關係相對的，就是很右腦（感性）熱情的「朋友」關係，我相信許多人認為朋友關係是與客戶關係昇華的最高境界，主張要把客戶變成親密的朋友。事實上，這是一種單相思的想法，當你在半夜兩點和客戶兩個熬夜加班，一起爽快交心地罵雙方自己的公司之後，經過一夜好眠後，你的客戶對

你未來提供解決問題的能力已經打了折扣。因此，我並不認為朋友的親密關係真正存在於我們與客戶之間。

　　我主張的是：我們要追求的是「當客戶不是你客戶的時候，他將會變成你最親密的朋友，可是，當他是你的客戶時，你要把他當做客人對待」。首先，我們要在口語上就要使用「客人」這個名詞，而不是客戶。因為人類使用語言來思考，而思考也受所使用的語言影響。試想，你會如何對待來你家做客的客人，你不必像傭人般的謙卑，你也不會像密友般的任性，你將自然流露對他的善良與慷慨，因此會直接坦然的忠告，同時你也會保有一種「方便但不隨便」的敬業態度，於是看好組織應有的利益的同時，你會好好照顧客戶的利益。所以，客戶不是你的客戶，是你的客人。

　　「請將客人真正的需求帶回來，
　　請把客人真正的需要賣給他。」

本章關注：

　　客戶服務最重要的就是「將客人真正的需求帶回來，把客人真正的需要賣給他」。

　　要做到必須「瞭解客戶需求背後的為什麼」。想瞭解要先學會「問」，經由充分準備，有紀律的提問，在對的時機，問對的人和對的問題，而得到答案。

　　客戶需求有其階段性，在後半期，必須能夠判斷「應該做什麼」才是幫助客戶解決問題。同時，業務必須擁有販賣好東西給客戶的卓越販賣力。

　　販賣力和客戶的信任有關。經由對客戶「說到做到」，準時交件，不觸犯客戶忌諱，就能獲取客戶信賴。

　　業務要關心客戶，將心掛在客戶的心上，唯有如此，才能明白客戶表達的真義、指令背後的動機、預測客戶的想法，讓服務從一般服務昇華成一流服務，達到服務的最高境界。

　　「把客戶當做客人對待」，態度敬業，照顧好組織和客戶雙方的利益，就是將客戶服務到底的關鍵，才能保持健康快樂又長久的客戶關係！

07 數位口碑行銷

誰的消費者最會說故事，誰就擁有最強健的品牌。

「好東西要和好朋友分享！」這句話來自當時的創意總監，王念慈，是三十年前麥斯威爾咖啡的廣告詞，曾經連續五年透過全民票選，獲得廣告流行語金句獎。主辦單位「動腦／廣告人俱樂部」為了讓新的廣告語能夠出頭，頒了一個「永久金句獎」給這句話，從此這句話不必再參賽。這個廣告語透過電視廣告成為口碑，在民間流傳，甚至被普遍的運用在各行各業的宣傳之中，「好醫生要和好病人分享」、「好候選人要和好選民分享」，直到這兩天我閱讀的一本時報出版的翻譯暢銷書中，仍然又看見這句「好東西要和好朋友分享」。

過去的口碑是以口耳相傳，在形式上，往往是一句流行的廣告詞，被運用在相關的生活場景中，成為生活

上的用語。

三十年後，遠傳電信一支「愛要好好說」的視頻影片，遠傳到對岸，獲得三點六億的點擊傳閱。在大陸，當然沒有遠傳電信的生意，但是人們總是對自己最親近的人說出最直接最不體貼的話，這一點更是大陸人民普遍的現象，因此，這支影片感動了許多人。透過電腦、手機、網路平台的分享，造成了三點六億人的觀看。

很多父母傳送這支影片給兒女，要他們學著點。現代的口碑，不但即時快速，眾多廣大，而且不只是一句廣告詞的複製，而是整支廣告影片的複製，百分之百的完整分享，沒有任何在訊息上的遺漏，甚至有些口碑的內容可以是全套成功案例的輸出。

三年前的某一天，我去瀋陽一家奧美剛併購的廣告公司上課，進行思想改造的工程，台下一百多對「陌生冷漠」的眼睛看著我，直到我介紹到「左岸咖啡館」的成功案例，台下那一百多對漠然眼睛，立即轉化成「熟悉熱情」的眼神，原來左岸咖啡館早已成為大陸東北業

界的口碑，在東北從事廣告的同業人員，不但口耳相傳，甚至主動上網收集左岸咖啡館的作品集，細讀每一篇文案，一時之間，左岸咖啡館那種「強說愁」的文字風味，在東北的廣告圈流行了好多年……。下課時，許多學員拿著不相干的書籍或筆記本，排隊前來請我簽名留念，我一律寫著「春天的最後一天，我在瀋陽」。

口碑行銷的進化

　　口碑，一個最古老的傳播方式，卻是一個傳播的未來式。因為在未來；誰的消費者最會說故事，誰就擁有最強健的品牌。

　　過去的傳播行銷，是一種單向的傳播，無論是廣告或公關，都是運用大眾傳播媒體為介面，不同的傳播技術為工具（嚴格而言，直效也不例外），向目標對象進行有目的的宣傳。宣傳的目的正是要建立品牌的價值，及與消費者之間的關係。而口碑在過去早就是用來檢驗這些宣傳活動是否成功，最真誠的評估標準；當人們在聚餐時談論你的廣告，媒體爭相報導你的新聞，你才是

真正的成功。重點是：「有口碑」證明曾經到此一遊，而不是像大多數的宣傳活動——春過了無痕。

然而，現在形成口碑的過程和過去不同。網際網路的現代化，人們可以在一秒之內複製訊息，藉著幾乎每個人都有的社交平台，傳播給無數的人，互聯網上的平台，充滿著提供討論的場地，無論是官網、部落格，甚至每一個活動網站，都讓人們可以隨時隨地進行分享與討論。這樣大量、方便、快捷的分享結果，讓消費者與消費者之間的互動溝通已經大於廠商對消費者的傳播。

因此口碑的形成從過去的被動式，演進成如今的主動式。被動式的口碑，是消費者隨著行銷傳播的刺激所產生的反應，主動式的口碑則是消費者主動參與的結果。於是，我們思考傳播策略時，開始要將「目標聽眾群」改成「參與者」。

這些「參與者」們除了隨著數位生活的進步而進步，同時也更自由開放地彰顯人性的多樣面。記住，人性偏向「揚惡隱善」。原來四個傳言中有三個是壞

話，現在則自動放大成四十萬個傳言有三十萬個是閒言惡語。加上保衛地球與消費者權利意識的昇華，讓原有「壞話傳千里」的比例，比以往更增加。雖然，藉此合理地將不良的商品與服務，更迅速地從市場汰去，卻也常讓一點小失誤就被放大成為不合理的災難。面對目前的口碑的管理工作，此時此刻，大多是回應需求，目的在改善關係，確保客戶的滿意度。而未來的口碑行銷將朝向主動參與，創造社群互動，提供對品牌有利，並且具有夠影響力的平台。

口碑行銷的重要

我相信，透過數位轉發和實體口碑的傳播訊息量已經超過總體傳播訊息量的一半，也就是說人們藉由數位平台所獲得的資訊或知識，已經超越廣告、公關、直效、促銷的加總和。其中，以那些高單價、交易風險高的商品更加顯著。例如，旅館、金融、汽車、電腦、藥品等。餐廳的偏好度更超過八成以上來自口碑的影響力。

近日，有最新的報導顯示網路口碑僅占口碑總量，非常意外地，只有7%，因為人們在網路上的社交活動，雖然已經極為普遍頻繁，但僅限於人與人之間的交流，對於商品的植入，並不歡迎。

話說，這個7%的占有率，我認為非常重要，應該是當今數位時代啟動口碑的關鍵，是口碑原子彈的引爆器，優良的商品或動人的品牌故事被識貨的網路達人發現，於是廣發線下粉絲，粉絲們又各自分享給他們的朋友，朋友再傳給朋友，於是在實體的社交活動中成為大家在聚會或聚餐時的熱門話題。事實上，人們在實體世界生活與交談的時間是遠遠大於在虛擬網路的世界，我們在放大網路口碑效應的同時，也不要忽視真實世界的真實性。

在網路上的口碑傳播最大的優點是：一次快速分享給很多人。至於口碑內容的營造，則越接近真實世界的生活場景越好；同時，具有聲光電的影片總是比整篇的文字有傳染力。

如何規劃口碑行銷

規劃口碑行銷就像傳教一樣，要思考及策劃的項目是：

一、**神蹟**，品牌的大理想。

二、**聖經**，品牌與產品的故事大綱。

三、**儀式**，溝通的語言、身體語言、吉祥物、視覺藝術。

四、**教堂**，討論區、部落格、Messenger、社群，由文字進化成影音的分享平台。

五、**傳教士**，忠實使用者、品牌的粉絲、類別達人……事實上，若沒有傳教士，以上皆空。

必須找到願意談論你的傳教士，提供他們樂意談論的理由，並且幫助他們建立散播的平台與工具。這些潛在教士的特質，原來就是喜歡發表的熱衷分享者（即使他們在實體世界中可能是一個害羞寡言的人），通常也是數位界面的重級使用者。所謂Buzz ＝ word of mouth ＋ word of mouse。

如何找到他們？

找到酒吧，就會找到酒鬼。除了分析官網的流量，追蹤給意見的人之外，並經常搜尋品牌或公司名會出現的地方。當有新客戶的資料時，總是追問他（她），他是如何知道我們？是誰介紹來的？有時候，他們會自己找上門來，通常就是那些嫌貨人，也就是買貨者，千萬不要失去那些真正關心你的人。

如何幫助他們？

除了架構讓參與者方便分享與快速轉送的平台與工具之外，便是發展故事的原型。有了故事的原型之後，經過教士的轉化及信徒的加工之後，才會形成最終被吸收消化的內容。值得特別提醒的是：大部分的內容雖然將消費者所填空，但最動人的部分仍是少數的精英分子所提供的。

在設計這個品牌故事的原型之前，先要學習了解一個名詞，迷因（meme）。

迷因（meme）

　　類比生物遺傳的基因，是一種文化的遺傳基因。由複製（或模仿），經過異變與選擇的過程而形成。當某個人類大腦的觀念，經由模仿或學習複製到不同人的大腦中。雖然複製的觀念不會與原來完全相同，可能產生突變現象，但非常相似。這些同中有異的迷因在散布的過程中，也會互相競爭，出現類似物競天擇的現象。

　　而我們所規劃的故事原型，品牌迷因將是其中的核心靈魂，這個核心的設計是用來吹醒故事的感動，確保訊息是有傳染力。

如何構思？

　　這個傳染原的傳染力通常源自人性的釋放。有些因素已被證實是製作傳染原的最佳成分。

　　一、**禁忌**：也難怪「性」在網路中的活動歷久彌新。

二、**極娛樂**：一般性的娛樂，根本就無法踏過網路使用行為中「三秒耐心」的門檻，必須極娛樂！！！

三、**祕密**：這是為什麼閱讀率最高的總是那些專挖隱情、報導祕聞的報章雜誌。

四、**對抗權威**：小騎士殺死大巨龍，小兵立大功，哈利波特打敗佛地魔，永遠是小說、電影的必殺。

五、**新發明**：古老不滅的廣告教條，當你有一個別人沒有，但對消費者有意義的利益點，千萬不必客氣，大聲地說出來！

六、**真情**：九十秒商業宣傳，四分鐘的劇情短片，也許就會成為網路或數位介面的上限。目前，網友在接觸數位介面仍多是在理性目的，或是在匆匆忙忙的氣氛之下進行閱覽。於是，只有感情是不夠的，要的是真情流露。

如何強化？

傑出的設計師，總有能力將兩種以上不同的情緒揉成一種全新的感覺，讓人新鮮感受。

並且有巧思地根據品牌的利益點，提煉出一個絕對優勢所帶來的副作用。這個副作用看起來是說服上的弱點，其實最具傳染力的甜蜜點。

數位時代的口碑更重要

當今數位傳播已是主流，數位行銷傳播最美好的部分是可以根據大數據的分析，隨時發現行銷上的課題，於是立即調整解決之計，在數位的接觸點的效果，都能即時回饋，於是即時優化傳播的內容。運用大數據為數位行銷的基礎，最大的目的是精準，讓正確的訊息在正確的時間點與接觸點，對最正確的目標對象進行精準有效的溝通。但是，另一方面，我個人更偏好在數位環境的傳染作用下功夫，在數位的生態圈中創造被傳遞分享的口碑效果，因為原子彈總是比來福槍更具殺傷力。

本章關注：

網路時代，口碑行銷的模式和以往不同，由口耳相傳的流行廣告詞轉變成瞬間秒傳的視頻影片，傳播影響無遠弗屆。在未來，誰的消費者最會說故事，誰就擁有最強健的品牌。

口碑的形成過程已經從被動式演進成主動式。因此在思考傳播策略時，要將「目標聽眾群」改成「參與者」。未來的口碑行銷將朝向主動參與，創造社群互動，提供對品牌有利，並且具足夠影響力的平台。然而，不可忽視真實世界的真實性。

在規劃口碑行銷時，可由「神蹟、聖經、儀式、教堂、傳教士」五個項目來策劃思考。其中，傳教士是一切的基礎。

接著在設計品牌故事的原型時，必須先了解迷因（meme）。迷因是文化遺傳基因，是品牌故事的核心靈魂，能確保訊息具傳染力。當製作傳染原時，則不可忽略「禁忌、極娛樂、祕密、對抗權威、新發明、真情」幾項已被證實有效的最佳成分。

現今數位傳播已是主流，優點的是可運用大數據分析，對最正確的目標進行精準有效的溝通。

08 創意的管理之道

要吸引最傑出的創意人員來你公司上班唯一的途徑，不是對業界最火紅的創意人員重金挖角，也不是給予官職，而是要打造業界最堅強的業務團隊。

創意行業的管理是種藝術，但卻又充滿理性。

事實上，創意的產出雖然有科學的方法增加生產的效率，但卻不能保證每次的創意產品都是非常傑出，我們管理創意的目的，就是設法使創意作品傑出的機率極大化。

首先，我們必須承認創意力是無法透過培訓來增加創造的能力，也不可能透過嚴刑拷打逼迫出來。創造的能力是與生俱有的，是一種天賦，傑出的創意必定來自傑出的創意人員，而傑出的創意人員本身就必須是一塊

好料，是一顆鑽石礦石，經過後天的磨練切工、精雕細琢成一顆美麗鑽石，閃閃發光，光耀動人！一顆石頭，再怎麼精緻雕琢，永遠只是一粒長得很像鑽石的石頭。

更殘酷現實是，創意人員的創造力卻不能如同鑽石一般永恆光亮。我所認識的創意人員如同歌手一樣，會出現他的高峰期，也有他沒落的時刻。因此在創意人員的管理原則，只有一條，「要他、或不要他」，要他就全力支援，無條件地保護他。

另一方面，如果你要擁有一家最頂端的創意公司，你就必須擁有最頂端的創意人員，最頂端創意人員非常稀少，統計的數字分布如果用美國紐約帝國大廈的造型來比喻，最頂端的創意人，就只如帝國大廈頂端的避雷針這般寥寥可數，大多數創意人員的分布就像帝國大廈直立的一百多層樓層的面積，愈往上削尖的部分就越加稀有。

若要吸引最傑出的創意人員來你公司上班唯一的途徑，不是對業界最火紅的創意人員重金挖角，也不是給

予官職，而是要打造業界最堅強的業務團隊。因為傑出的創意人只會寄生在最傑出的業務團隊，他們想要專注在創作上，而好作品除了要有優秀的才情之外，還需要足夠的時間與充沛的金錢，也唯有一流的業務才能搞定時間與金錢的資源。

創意人才無法培養，業務人卻可以培訓

創意行業的最佳管理原則便是「無論什麼錯都是業務的錯」，說到底就是對創意施壓，事情的變化不大，而對業務施壓，事情才有改變的可能。創意人才無法培養，業務人卻可以培訓。創意人無法勤能補拙，業務人則可能勤能補拙，至於企劃人員則應該如何定位？以我對企劃人員所要求的水準，策略不只是邏輯的推演，而是有黑魔法般的創意，好的策略也必須是有創新的見解、出乎意外的洞察，以及其妙無比的奸計，因此我將策略人員歸屬在創意人員的屬性。

回到主題，在內部創意的Review（審核），我都是用愛與信任相信創意團隊已盡其可能，在時間的限制下給

我最好的東西，所以就算我心裡覺得不滿意，面對客戶時也會全力支持，雖然盲目的支持，也會被客人識破。有一次，客人打電話給我：「阿桂，你說你的創意好？你若不是太老練的說謊，不然就是年紀大了，失去鑑賞力！」當然，如果我的創意人員一直都沒有產出好的貨色，那麼一隻不會產乳的乳牛就該送去做牛肉乾了。

在實務上，創意人員對自己的東西好不好，心裡十分明白，因此，對我的白色謊言，他們也心知肚明。有一回我在內部的Review，通過了四支第二天就要提案的創意作品。我的創意夥伴，當時的創意總監鄭依萍，卻對我說：「阿桂，你並不喜歡我這次的作品！」「誰說的？我剛剛不是才說這幾支腳本不錯啊？」我回答道。她接著說：「但是，你的眼睛沒有發散美好的光芒，以前我給你過目我的作品，雖然你口頭直問有沒有更好的，可是我看見你的眼神會發出一種奧妙的光彩，我心裡會知道我打動你了。」

如何有建設性地審視創意作品

　　至於站在客人的角度，如何審視代理商的創意作品才是最有建設性？在過程中創意作品不斷地被優化，才是最有意義的過程。我有三點建議：

　　一、從創意的企圖來審視是否合乎擬定的策略。有些創意人員擅長運用文字遊戲的方式，來將一個明明不合乎策略的作品，合理化成一個貌似合乎策略的作品，所以我們不要從文字的細節來解釋是否合乎擬定的策略，而是從作品整體的idea來判定是否合乎擬定的方向。

　　如果不合乎策略，不一定要馬上否決這個作品，而是思考一下這個作品是否更巧妙地解決我們的商業課題，消費者不關心我們的策略想法，消費者接觸的只有我們的作品。如果一個不合乎原定策略的創意卻能更有效地解決了我們生意上的問題，那麼是我們不小心中到大獎了，因此回頭改變原有的策略，應該是最實際的做法。

二、先不要一開始為了風險管理而去審視這個創意作品的缺點，而是努力去尋找這個作品的優點，然後請代理商將這個優點放大到極致。

正如我之前所提，所有big idea的原型都是來一個small idea，所有大大的大樹都是來自一顆小小粒的小種子。正如我們要培養一個人的潛能，就是要培養他的優點，解決一個人的缺點，絕對無法極大化一個人的潛力。一個沒有缺點卻平凡無趣的點子，只是不讓人討厭，但卻無法令人情不自禁地愛上它。

三、也是最重要的，就是要明白一個真理：「不冒風險往往是最大的風險。」所有傳播，無論是什麼載具或內容，最大的風險就是根本沒有人注意它，沒有人關注它。

冷漠與視而不見是讓所有精力與財力化為零的主要原因。如果我轉職為客戶方的話，無法讓人注意的廣告，我是絕對不會放水的。當任何與此違背或是衝突的因素，我會選擇一定要有創意，並且因為創意而被人注

意。

對於一個失敗的作品，我寧可殺出認賠，也不願意在缺乏創意的作品上面花任何一毛的媒體費用。我會原諒並告訴我的代理商「你們遇挫折必須盡快恢復，再接再厲，再去想一個真正有創意的作品。」

以上，對創意評鑑的方法，不只在廣告公司有效，對於任何發包文創相關的甲方，都是一樣的參考價值。

創意管理兼具理性和藝術，其目的在設法使創意作品傑出的機率極大化。

創意力無法透過培訓來增加，管理原則只有「要他，或不要他」，要他就要全力支援，無條件保護他。

最頂端的創意公司來自擁有最頂端的創意人員，要吸引人才就要打造業界最堅強的業務團隊。一流的業務能搞定創意人專注在作品之外，所需要的足夠時間和充沛金錢。

要如何審視代理商的創意作品呢？有三種方法：一、從創意的企圖來審視是否合乎擬定的策略，有時雖然不合乎策略，卻能打 A 中 B 中大獎。二、不為了風險管理而審視作品缺點，而是努力尋找優點，並將優點極大化。三、最重要的是：「不冒風險往往是最大的風險。」

Part Three

一些謠言與真理

09 廣告將死？

　　在這數位當道的時代，同時釋放著一種論調就是所謂傳統廣告已死。這個論述從十二年前，當DVR（數位錄影）上市時就開始有一個說法：在十年內，由於人們觀看電視的行為，將徹底改變成將電視節目根據個人的喜好記錄下來，重新安排播出的順序，而廣告將被徹底地排除在外，於是電視廣告將不再存在於世，而電視台將改為從產品植入節目，直接連接電子商務購買，建立電視台從中抽取佣金的新商業模式。十二年後，電視廣告依然存在，這個趨勢預測被證實是個錯誤不實的推論。

　　然而隨著數位科技的大進步，讓大數據開始形成，數位時代實現的過程中，有關廣告將死的論述，不斷一波又一波地被提出……

忽悠與謊言

　　話說忽悠和謊言有所不同，謊言是明明知道錯的，但是因為某種利益而選擇說謊。因此說謊的人是知道對錯，但故意說錯；忽悠則是不知道對錯，也不想知道事實，只是因為立場不同，所進行似是而非的合理化言論。如今號稱數位專家達人宣揚的所謂廣告已死，刻意將大眾傳播歸類成所謂傳統，暗示為過去式，甚至醜化為沒有未來的言論，就是屬於忽悠的行為。

國王的新衣

　　最近開始出現一些一語點破事實的言論。鮑伯‧霍夫曼（Bob Hoffman），美國著名Type A Group的創辦人說：「只有瘋子與呆子才會繼續不斷地向社交媒體之神膜拜。」二〇一〇年，美國百事公司（PepsiCo Inc.）將全部電視廣告預算改投放在所謂數位空間，如Twitter、Facebook、Youtube。進行一個全面並且專業的數位活動之後，雖然粉絲數加倍，但結果市場成績，包括百事可樂（Pepsi Cola）和健怡百事可樂（Diet Pepsi）各掉5%的

市場率，讓百事從第二名落為第三。」

另一個澳洲的著名教授及品牌顧問馬克・里特森（Mark Ritson），則提出：「社交媒體（Social Media）已經過期，數位市場（Digital Marketing）也已落伍，二〇一六年的關鍵詞是整合傳播（Integration）。」

整合傳播？這不是二十年前的老玩意，其實這也不是所謂復出江湖，或是所謂的回到基本，而是整合本來就是個硬道理，行銷傳播業的真理，整合傳播一直存在，一直沒變，只是我們喜新厭舊，甚至因為講太多、說太久，「整合」成了「髒」話，成了一個不進步的標籤。

數字會說話

根據加拿大的統計資料（2015），加拿大全國前十名的品牌在臉書的總粉絲數，占其總顧客人數小於2%，也就是一百個顧客只有兩個人是臉書粉絲。行銷的資源如果只經營在這兩個人和品牌互動，另外九十八

個人的生意要如何照顧？事實上，在七天之內和品牌互動的人；每二千五百個顧客只有一個人會和品牌互動，這十個品牌粉絲數加總起來不如一個小賈斯汀一個人的粉絲數。小賈斯汀的粉絲數是全國十大品牌在臉書上的二十七倍，是Twitter上的一百倍。

這個現象在台灣也不例外，我們任選任何十個台灣知名品牌加總的粉絲數，竟然都不會超過范范（范瑋琪）單一個人的粉絲數呢！

社交媒體就是用來社交的媒體

為什麼只有很少數人會參與社交媒體中的品牌活動？道理很簡單，就是社交媒體就是用來社交的媒體（Social media is social media），而正常的人類只和人類社交，而社交媒體的環境中，商品的植入是被人類抗拒，甚至討厭的事。

澳洲的資料顯示，少數參與社交媒體品牌活動中的粉絲，有66%是不交流的，剩下有交流紀錄的34%之中有

83%只和少於七個品牌互動，其中互動的內容大多是和促銷訊息有關。

為什麼只和非常少數的品牌互動？因為真正已經被擬人化的商品，實在太少。由於人們只和已經擬人化的品牌互動，所以當我們真的想在社交媒體上進行互動性的深度對話傳播，我們必須是已經成為一個真實強大的品牌。

品牌才是王道。

在台灣盛行的手機社交媒體Line用來說正事或閒聊；臉書用來看別人的事，找很老的朋友；谷歌（google）用來搜尋，問知識；Yahoo用來看新聞，買東西。使用行為和國外沒什麼不同，都是不會用來和品牌互動的平台。

電視落伍了嗎？

在這數位時代，有哪一種載具是非數位化？答案是

沒有。廣義而言，電視都已經數位化。有人說電視已經沒人在看了，但事實上所有的視頻，包括電影、新聞，有80%是從電視上觀看，只有20%是從手機、iPad及電腦上觀看。

台灣電視台平均每天接觸一、六一五萬人次，TVBS新聞一天可以接觸五五〇萬的民眾，有線電視的訂戶從二〇〇七年的四六八萬在二〇一五年增為五〇四萬，MOD的訂戶也從四十萬增加到了一三〇萬。根據潤利艾克曼一、〇六二人的調查，電視仍是最受信賴的媒體（41%），而網路只是15%。

社會學≠市場學

事實上，人們開始大量運用方便攜帶的載具，如智慧手機來溝通交流與獲取資訊，這正如過去電話機早已是人類最佳的通訊工具，但並不代表電話就是最適合用來販賣商品或建立品牌。如今，電視廣告，尤其在台灣，依然是投資報酬率最佳的大眾傳播工具，三十秒電視廣告播放的每仟人成本是兩百元，而三十秒臉書廣告

的每仟人成本卻是六千元，就算電視有一半是在低頭看手機，也不過是四百元，就算是剩下的一半的人，沒有從頭看廣告到底，那麼電視廣告的成本也只是八百元，和網路廣告的成本六千元的差距依然很大……

諷刺的是，智慧手機的上市反而減少了人們在廣告時間轉台，87%的人會在廣告時間待在電視機前，另一方面，只有0.001%的人會主動打開 on-line 的 banner。

廣告是創造earned media（口碑媒體）的最佳工具

廣告不等於電視廣告，廣告的定義是廣而告之，追求的是如何讓訊息能被最大化的傳染，口碑的產出一直是廣告最重要的關鍵績效指標（KPI），在這數位媒體興盛的時代，廣告口碑的渲染藉由更好的分享機制，被擴散到以前傳統媒體無法到達的境界，因此廣告比任何傳播專業更加擁抱新數位媒體。不可否認，視頻這樣同時具有聲光電的溝通形式，是比只有文字、只有圖片，或只有聲音，更容易被人類吸收並且被分享。世界有名的冰桶挑戰（Ice bucket challenge），如果不是用視頻，而

只是用文字，是不可能刺激出巨大 earn media 的效果。

其實冰桶挑戰的作品，在本質上是屬於廣告專業的範疇，因為廣告思考的是：如何用單一訊息感動最多的人，好的廣告就像一顆原子彈，它的輻射往往超乎期待，二○一五年奧美為遠傳電信出品「愛要好好說」品牌廣告，在一個月內創造了三點六億的點閱瀏覽，遠遠超出二○一五年大中華艾菲獎全場大獎得主，以科技創新為主軸發展的的百度加爾滿都數位活動，所創造二十萬的點擊覽閱。

數位行銷是個偽命題

這和數位行銷無關，而和在數位世界中有效地行銷有關。（It is not about doing digital marketing，It is about marketing effectively in digital world.）

——帝亞吉歐洋酒集團首席執行長孟軼凡
（Ivan Menezes，Diageo plc）

我們思考行銷，不應該從如何數位行銷為起跑點，

而是先將行銷本來就該規劃的產品、價格渠道的行銷策略先落定，接著藉由定義商業上的課題來擬定傳播的目的，再根據這個目的進行整體傳播的規劃，最後考慮如何在這個數位時代，根據人們使用數位工具的行為與態度進行有效接觸點的規劃。也許，正是這個顯而易見的論述，太過理所當然，導致覺得了無新意，於是我們久而久之就忽視了。

擁抱數位時代

我們絕對不是反對因為數位時代來臨，所新生的許多有關傳播的新的學問。我們自許要更加虛心地去學習並暸解消費者在這數位時代在行為上的變化，探索數位世界中洞察（insight）運用在廣告原有的學問之中。我們再度強調廣告學追求如何聚焦訊息，讓更多人有感，並且終身難忘。我們只是不認同「將數位傳播放在行銷傳播之前，尾巴搖身體」的想法與作法。

整合傳播，歷久彌新的關鍵詞

回到教授馬克・里特森（Mark Ritson）的說法，我們主張要回歸最實際的整合傳播概念。

首先，不要先將預算分成所謂傳統媒體與數位媒體（Digital Media）兩種預算，而是一種總預算，事後再分配。所謂事後，就是在創造一個 idea 的平台之後。換句話說，所有傳播活動規劃設計，先從建立一個 idea 的平台開始。

當我們擁有一個打造品牌的平台之後，我們思考如何在這數位時代去規劃所有有益品牌銷售的接觸點，包括在社交媒體及其他數位媒體的精緻安排，與如何互動交流與分享的巧思。

總之，讓所有數位行銷都在一個偉大的品牌概念（Branding Idea）之下。

數位時代，傳統廣告已死的論調已被證實是錯誤推論。整合傳播是一直存在的真理，未曾消失。社交媒體則是用來社交的媒體，不是用來和品牌互動的平台。

電視仍是人們觀看視頻最常使用的載體，也是比網路受信賴的媒體。電視廣告在許多地方依然是投資報酬率最佳的傳播工具。

廣告是創造口碑媒體的最佳工具。廣告不等於電視廣告，廣告追求如何讓訊息被最大化傳染。口碑一直是廣告最重要 KPI，數位媒體時代，廣告口碑的渲染效益非凡，因此，廣告比任何傳播專業更加擁抱新數位媒體。

數位行銷是個偽命題，重點是如何在數位世界中有效行銷，而非將數位傳播放在行銷傳播之前。

在進行整合傳播時，不將預算分成傳統媒體和數位媒體兩種。所有傳播活動規劃設計，先從建立一個 idea 的平台開始。擁有打造品牌的平台後，思考如何規劃所有有益品牌銷售的接觸點，讓所有數位行銷都在一個偉大的品牌概念之下。

10 有關廣告的七大迷思

誠實面對自己，才能在我們既是科學又是藝術，既有邏輯又必須有黑魔法的行業中，累積真正的專業。

像我這樣在一個行業裡，專心做了三十幾年，對所在的行業自然有所領悟，對於廣告專業的理解，我自信比許多十年、二十年廣告經驗的人更加豐富與堅定。廣告業是個說故事的行業，有時候為了已經產出的結果，在交件日期已到，但是尚未真正找到最好解答的時刻，我們不得不將提案內容加以合理化，然後賣給客戶。將結果合理化，在我們這個行業是再平常不過的事，並且絕對合乎道德，然而，如果缺乏了反思自省的能力，就會將自己合理化的結果，誤為真理，從此信以為真，失去專業判斷的能力。

我常提醒自己，也常忠告部屬，在不合理的合理化

之後，一定要跳出自己，站在頭頂的上方，看著自己，絕對誠實與客觀的審視，自己提出的課題、策略、創意作品，是不是自己真正相信的觀點。還是時間已到，不得不交出功課的作品？有這個誠實面對自己的好習慣，才能在我們既是科學又是藝術、既有邏輯又必須有黑魔法的行業中，累積真正的專業。以下列出的七個廣告迷思，是我這三十幾年中在工作上不斷重演的故事。

一、將廣告公司當作行銷顧問

我年輕時候，志氣高，眼界低，以為做了幾個廣告的成功案例，就可以自許為行銷顧問，對客人大聲建議他行銷上的作法。對客戶建議行銷的作法，對廣告公司有很大的好處：1、客戶覺得你很關心他的生意。2、才可能和客戶高層有對話的機會。3、藉此提高代理商的地位，而不只是下線。4、因此可以收費，賺更多的錢。

對懂行銷的客人而言，代理商所提出一些行銷建議姑且聽聽，說不定亂槍打鳥中到一些不錯的點子。一個令我非常欽佩的客戶對我說過：「我絕對不會笨到請廣

告公司做我的行銷顧問，姑且不說行銷本是我們客戶該要做的，廣告公司的人每天花多少時間在真實的市場？即使是廣告公司的企劃人員，同時要做好幾個客戶，怎麼可能像我們全天候的想一個產品、一個事業？行銷的專業來自專注！」我辯道：「就是我們看過不同的產業，所以我們可以累積行銷的真諦，藉由他山之石給你們一些不同的觀點⋯⋯」他毫不遲疑的回答：「所以我也會歡迎你們提些觀點，就算不專業，但也能刺激一下我的想法。你們在行銷上幫我們說故事的傳播夥伴，但絕對不是行銷顧問。」

對於那些不懂行銷，或只懂半調子行銷的客戶而言，如果要給我生意，要我們做所謂的行銷顧問，我也是會厚著臉皮講出一些行銷的道理。先搬出一些沒見過的行銷模組，賣弄一些嚇人的行銷專業名詞，做一些假設，然後全力去合理化。我不心虛，因為我知道至少我比你懂一點行銷，誰叫你不用功，想走捷徑。但是，如果這客人是我的好朋友，我會誠實地告訴他，別找廣告公司來充當行銷顧問，應該踏踏實實地建立一個正正當當的行銷部門，或是找一個在相關行業類別至少待過十

年以上的資深行銷人員，來做行銷顧問。

我虛心求教了幾個同行號稱能做行銷顧問的高手，而他們臉不紅、心不跳的自信打動了我，我相信他們不是自欺欺人，但我發現原來是他們降低了行銷專業的門檻，說的是品牌傳播策略的內容，卻掛上行銷專業的行頭。「行銷」這兩個字的定義，因人而異，難怪，會在我認定是忽悠的事，他們卻一點不覺得，並且振振有詞。

我個人事非常尊敬「行銷」這兩個字，我也因此非常尊敬我的客人，並且我相信大部分的客人比我懂得真正的行銷。因為他們專心在一個事業用盡他一生的心力，值得我虛心傾聽，向他們學習，我相信大部分的客人比我更有生意頭腦。另一方面，我相信我比客人更有創意，更懂得如何影響群眾，更懂得如何說故事，這是為什麼他是我的客人，我是他的代理商，各有各的專業。

二、廣告愈和產品相關就愈好

　　定義廣告的相關性是廣告專業的一部分，然而幾乎所有對「如何做廣告」稍有心得的人，都普遍有一個迷思，就是廣告愈和產品相關就愈能夠幫助銷售。我由衷認為有這樣看法的人，要不是對廣告的專業一知半解，不然就是對廣告的專業不求甚解。廣告專業的風險是很多道理都是片面的說詞，我常遇到對廣告作品有意見的人，批評這個廣告和產業不相關，比如說：網路要有網路感，電信要有科技感，銀行要有穩重感，啤酒要有歡樂感，飲料要有清涼感，食物要有食慾感，這些是任何人都可以信手捻來的學問。在我看來，這些是因為對商業課題不清楚，或對作品沒信心所跑出來的評論。

　　廣告的風格與語氣，應該和廣告要說什麼相關，或和產品擬人化之後的品牌個性相關。除此之外，添增任何相關性的定義都是增加創作的雜質，這似是而非的正義之辭將無形但明確地削弱創意。多喝水的相關性和廣告的訊息「沒事多喝水，多喝水沒事」相關，大眾銀行的相關性與品名「大眾」相關，全聯的廣告和品牌過分

老實的個性相關，如果一定要加上和產品或產品類別的屬性相關，我認為是不可能出現以上成功幫助銷售的廣告。

說得更明白一點，廣告也許會和產品所提供的類別的利益點相關，但未必和產品所屬類別給人們的感覺相關，或是人們體驗產品的心情相關，這是自作主張的判斷，並沒有和傳播的課題相關。左岸咖啡館的廣告和咖啡的類別利益——放鬆休閒相關，宜家的廣告和家具的類別利益——改善空間相關。也就是和類別的利益點相關，來增加人們對產品的聯想，是有紀律的思考，而和所謂產品類別給人的感覺，只不過是個人生活體會的直觀說法。

至於相關性的專業，若要再透徹一點的瞭解，則必須悟出廣告追求不相關的道理。直接相關的廣告永遠不如間接相關的廣告來得巧妙，而讓人一見鍾情，永遠記得，廣告給人創意的感覺，就是來自不相關的相關性，看來毫不相關的事卻是如此巧妙的相關起來，這就是創意！

三、用廣告來說服人們

　　廣告，無法說服人們，只能影響人們。主要因為都是很短的秒數，電視廣告三十秒，報紙十秒決定是否要看內文，戶外五秒就結束，這麼短的時間只能引起一個注意，留下一個印象。再加上廣告是可以被人們辨別的，當人們看見或聽見廣告，都知道這是有人付費來叫我買東西的廣告，所以廣告很難說服人們，很難讓人相信廣告是客觀的，而給人客觀的信任感是被說服的必要條件。

　　廣告雖然無法說服人，卻能對銷售有很大幫助的原理是：廣告可以給一個好印象，讓人們願意接觸你，給你一個更詳細介紹的機會。廣告可以刺激人們給你一個試用的機會，特別是那些購買風險低的產品；廣告可以改變你對某些事物的看法，而你對這些事物看法的改變會有利某些產品的銷售；廣告可以激發你購買的動機與慾望，而你會情不自禁地選擇那個向你說話的人做第一次的購買。廣告可以提醒你使用產品的美好經驗，於是，你會繼續地使用，不斷地購買相同的產品；廣告可

以提倡一個有利品牌做生意的主張，於是，你會產生對品牌的偏好，在眾多的選擇之中，選擇了廣告的商品；廣告可以告訴你促銷的訊息，加速你採購的行動。

廣告在完成以上任務的過程之中，不是用說服的手法，而是用娛樂的方式來打動你，討好你，引起共鳴，產生興趣。「說服人們購買」是很討人喜歡的一句話，但事實上，這不是具有大眾傳播本質的廣告的強項，若要說服人們，不應該用廣而告之的宣傳方法，而是用一對一的傳播方式，甚至用公關的客觀性來贏得人們的信賴，達到說服的目的。

說服，這兩個字在廣告界是個常用的話術，但不是事實。強迫利用廣告說服人們，往往不會達成說服的目的，反而一事無成，成為一個浪費金錢的廣告。

四、廣告要投射消費者的真實生活

許多人認為廣告如果能投射目標對象的生活型態，就會引起消費者共鳴，藉此達到幫助銷售的目的，這也

是個迷思。

　　廣告應該投射消費者心目中嚮往的生活型態來引起共鳴，因為人類永遠不滿足於現狀，總是希望未來有更美好的生活。事實上，限制創意人員採用生活片段來說故事，並不是真正的道理，只是個人的推理罷了。我並不是說廣告不宜採生活片段來說故事，我強調的是生活片段是個創意的題材之一，它不應該成為策略的限制條件。

　　正如前文所言，針對藍領採用他們現實生活的場景來說廣告的故事，一點也不討好，反而讓人覺得品牌背後的人是瞧不起他們。

五、越大氣的廣告越能幫助銷售

　　特別是在中國大陸，台灣也不例外，許多客人一開口就說他們需要一個看起來很大氣的廣告。其實，我真的不明白為什麼大氣的廣告就會有助銷售，但我很確定若要真正做到看起來大氣的廣告，應該要很大氣地花很多錢。

我的猜測：有人覺得所謂大氣的廣告就會暗示著這家公司規模很大，不會倒，所以與他做生意，買東西，不用擔心，大公司有品牌有保障。我認為這個「大」的效應只有讓觀眾感知你的廣告花了很多製作費，於是覺得能花這麼多錢又上這麼多的媒體，因此覺得這是一個來自大公司的廣告。

　　我的經驗：讓人覺得是一個有創意的廣告，比讓人認為是一個大氣的廣告，更能讓人們相信你是一個優良的企業。而汲汲營營追求大氣感的廣告，往往得不到一個有創意的廣告。創造新的視覺、新的感受是件奇妙的過程，凡是對創意人員下不當的指令，總是往往越想要的東西越拿不到，這也是創造過程令人感到奇妙的事實。

六、每次廣告都事後檢討，廣告就會越來越好

　　事後檢討、自我反省是件美德。在許多行業，例如：工廠、餐廳，甚至行銷領域，藉由不斷地檢討，的確可以避免再犯相同錯誤，累積成功的經驗，為再一次

演出創造佳績。但是，本質是創意行業的廣告，卻是越檢討越難做出好廣告。

以前的我也是不懂這個道理，而是經過幾次掉客戶的經歷之後，才明白這個不斷檢討的骨牌效應。這些故事大部分是發生在客戶擁有一個非常有紀律的行銷團隊。故事的開始總是這樣，當出現一支失敗的廣告，客戶會這麼說：「當然這支廣告失敗，我們也有很大的責任，但是代理商也該檢討一下，下星期能不能麻煩你們提出一個改善計畫。」為了要有模有樣地提出一個有內涵的改善計畫，代理商只好編出一些道理，設定一些新的規範，來指導下一回的創意發展。

然而，這些被合理化出來的許多指導原則都是限制創意的毒素。大家都不自覺地自以為這是專業地管理創意，結果下一支廣告當然不會更好。於是，為了追求卓越，又再次進行檢討，結果限制條件越來越多，創意空間愈來愈小，終於長久沒有好作品，最後客戶就掉了。真正會自我反省的客戶很少很少，要求代理商反省的客戶很多很多。最長久的客戶是真正的夥伴，他們不會在

廣告失敗後要代理商檢討報告，他們只會說，這支廣告不成功，你們好好加油，下次給我一個好廣告吧！

七、廣告要常換，以免消費者看膩了

事實上，最先看膩的人是廣告公司的人，再來是客戶，最後才是消費者。而且，除非你的廣告量特別大，鋪天蓋地，每天轟炸，否則廣大的人民群眾是永遠不會膩的。這是個非常簡單明顯的事實，但是，大家總是看不清楚。

也許，廣告經常翻新是這個行業生態所培養出的結果，因為廣告的收費要不是抽成就是年費，所以放著廣告公司不做事，不想新點子，不就是浪費了嗎？於是就以廣告公司應該突破創新的正義之師，來要求廣告公司提出和過去不同的點子，來平衡所支付的費用。

然而，只要新鮮的點子和過去不同，就會失去大眾傳播最好的禮物，也就是累積廣告資產。不連續的訴求，當然不會累積。奧美前任的全球創意總監，Niel

French曾經做過一個研究：好廣告與偉大廣告的差別在哪裡？所謂好廣告來自突出新鮮的相關性，而偉大的廣告只發生在當你連續做一些好廣告，並且因此累積了一個廣告資產，這時候，你才可能有機會去做偉大的廣告。有了廣告資產的好處就是你的訊息不必從頭說起，你可以藉由既有的廣告資產來撬動全新的訊息，但卻不會失去和產品利益的相關性。於是，你的起跑點正是別人的終點。

當你有一個點子能夠幫助你打動人，能幫助你販賣商品，千萬不要放掉，就像一匹正在當紅為你賺大錢的賽馬，你怎麼可能要牠下台，要牠休息呢？**持續累積，不放棄好點子是我做廣告多年，最大的心得。**

本章關注：

誠實面對自己，才能在既是科學又是藝術、既有邏輯又必須有黑魔法的廣告行業中，累積真正的專業。我們必須反思自省，跳脫主觀，絕對誠實與客觀地審視自己提出的課題、策略、創意作品，是不是自己真正相信的觀點。

廣告工作經常重演下列七大迷思：

一、將廣告公司當作行銷顧問。

二、廣告愈和產品相關就愈好。

三、用廣告來說服人們。

四、廣告要投射消費者的真實生活。

五、越大氣的廣告越能幫助銷售。

六、每次都事後檢討，廣告就會越來越好。

七、廣告要常換，以免消費者看膩了。

當我們能夠誠實審視、避免迷失，必能獲得專業累積，表現亮眼。

11 品味與廣告

　品味是悅人的、美好的、精緻的、優雅的、藝術的、細膩的、古典的、有教養的、精準的、純淨的，但不矯揉造作的；而廣告卻是打擾人的、煩人的、雜亂的、不可信的、好笑的、滑稽的，前衛的、被買通的、矯情造作的，因此，廣告是否需要品味？

　　許多人認為廣告和品味這事不相關，甚至是不需要品味，因為：

一、許多商品的銷售訊息本身就無法容納品味

　　例如痔瘡藥、香港腳藥、強精固本的補品，這些商品怎麼可能與品味相關聯？若是紅酒、豪宅、時尚精品，才會和品味有所關係吧？

二、許多目標對象群，根本不懂品味，怎麼會需要品味？

例如，藍領工人、鄉下農夫、沒知識低收入的貧窮人家，以及中國三、四線城市的居民，他們哪有機會認識品味？哪有心情追求品味？

三、品味很花錢，很費時間

沒錯，有些導演費，台幣千萬元起跳，大部分的明星代言人也是千萬元起跳！將製作費省下的錢投放在媒介上，擴大傳播的廣度或增加宣傳的頻次，會更有利益。

況且。現代是追求速度與實效的時代，已經沒有那種奢侈可以讓我們慢工出細活，等到一切完美，早已失去商業先機。

四、最重要的是品味對銷售沒有幫助

有品味的廣告，也許添增了一點消費者對品牌的喜歡，但影響不大，而且很難評量品味對銷售的貢獻。這

種只憑信念、沒有量化評估的東西，是不值得去迷信，更是不可以去冒險的。

有品味的廣告通常意味著說服力不夠，廣告要有銷售力，就一定要有說服力！

五、最後，把個人的品味強行加在他人身上，是件傲慢自大的事

品味通常是很個人風格的，每個品牌都應該是不同的個性，勉強植入品味其實就是強迫置入個人的風格，這般的行為不只對品牌不利，甚至有害！因為錯亂了品牌獨有的個性。

以上皆非！

沒有品味就失去靈魂

事實上，品味是廣告的靈魂，是抽象不具體，但真實存在的好東西。人類天生就有感知品味的能力。有

些人受過教育，經過磨練，對品味比較有鑑賞解說的能力，有些人雖然比較缺乏相關能力，但所有人對品味都有直觀的感受，許多土豪經常出國到有見識之後，就也無法忍受低俗了。

一、所有消費者都能意識到在廣告背後那些人如何對待他們

有一回，我去石家莊做調研工作，住在Holiday Inn（假日酒店）。Holiday Inn有兩間，一間是平價的Holiday Inn Express，一間是五星級的Holiday Inn Shijiazhuang Central，我搭乘出租車返回酒店，師傅聽我說：「回假日酒店。」他不懂英文，只會問：「是比較高級的那間，還是不高級的那間酒店？」我問他：「從外表怎麼分辨哪間高級？哪間次級？」他回答：「我不知道，但我就是知道！」

另一回，我去長春，也是調研工作。在飛機上遇到一個長春來台的遊客返鄉，長春勞工局的大媽組長說：「你們台灣還是有賣很多假錶。」「妳怎麼分辨得出假

貨還是真貨？」「我不知道，但我就是可以分辨！」

　　根據我參與的一個調研，目的在研究「台灣藍領工作者喜歡什麼樣的廣告」，報告顯示：藍領階級對於那些拍攝工人向上、吃苦耐勞、故作打拼的廣告片，其實很不喜歡，他們認為這些故意利用反映他們生活片段來引起勞工共鳴的影片，是廠商對他們的歧視。他們意識到這種廣告背後的那些人，認為他們是不值得擁有品味，甚至暗示他們沒有腦袋，只有體力。

二、的確，品味是要花錢與時間

　　相同的點子，用較多的經費所製作的品質一定比少經費的品質優良，這是個天經地義的公平交易。如果執行能使廣告訊息增加10%的效果，增加的效果就會被複製在每一檔次的接觸點上，這才是合算的數字遊戲，在製作上增加金額比在媒體上增加的金額更合算。

　　我的經驗：從投放預算提撥20%作為製作預算是合理的。太多沒必要，太少則會有低俗或拙劣的風險出

現，我們就算不擁有品味，但，千萬不可製造低俗。

三、品味絕對可以幫助銷售

因為：品味將讓廣告訊息有感覺，因此變成人們永久的記憶。就像有品味的物件才能變成價值永存的古董。一隻廉價的塑膠拖鞋永遠不能成古董，精緻木雕的拖鞋可以。

四、理性的說服，若有品味將更有說服力

因為品味給人一種愉悅美好的感覺，這種感覺會提高廣告的溝通效率。理性的說服，再怎麼有邏輯，再如何有道理，都像是在說教，世界上沒有人真正喜歡被說教，雖然我們也許滿心真誠的受教。人類喜歡享受溝通的藝術、理性的產品好處，或為什麼要買的道理，如果擁有有品味的包裝，就會變得更好消化、更好吸收。

五、加入個人風格，是道德的

因為太多的商品沒有真正擁有差異化的賣點，我們可以藉由設計師特有的風格，加入在傳播作品之中，成為產品差異化的一部分，加入與品牌相關的個人風格，是讓沒有差異的商品能被差異的捷徑。

如何創作具有品味的廣告

一、細節，每個細節都注意到，並且仔細處理

人類的感官是不能察覺到廣告是否用心製作，雖然他說不來哪裡好、哪裡不好，但是潛意識中他是明白的。

細節的快感是來自人們無意中體會到作者的用心或巧思，這種快感其實就是人類對解碼的快感，透過解碼，受眾在心理上感覺到與作者在心靈上的默契之外，也是對自己的智慧與聰明獲得肯定，所產生的一種由衷的愉悅感。

品味是一種細節的美學。

二、單純，沒有不必要的雜質

大眾傳播的真理就是單一訊息，品味雖然不是訊息，品味是訊息的附加價值，品味是依附在單一訊息的延伸物。品味是一種純化，愈乾淨的點子，就越容易滋生品味。

品味無法包容雜質。

三、含蓄，提供一種說服的藝術

含蓄，一方面滿足人們享受解碼的快樂，一方面則留給消費者一個想像的空間。

我曾經做過一個研究，「魔鏡啊，魔鏡，誰是世界上最美麗的女人？」我收集了許許多多美女的照片，並讓消費者加以分類，有清秀佳人，有冷艷性感，有熱情烈女，有優雅貴婦⋯⋯最後是神祕女郎。被歸類在神祕

女郎的共同點是：照片上的女人都是沒有出現全貌，全是半遮半掩，這個類型竟被大眾認為是最美麗的女人。因為局部看不見的部分是由人們的想像來填補，人的面貌美不美決定於左右兩側的對稱，人的想像力提供最完美的對稱，所以雖然不同特質的女人各有所愛的人，但部分黑影的神祕女郎是所有人共同的喜愛。

含蓄，提供品味。

四、不凡，即使不是絕對創新，但一定有些創新的元素

品味，這玩意的確需要一點才情才搞得出來。品味需要一種稀奇感，這個稀奇不見得是全新的突變而來，可以由原有的東西重新組合而成。著名的電影《鐵達尼號》若只是一部紀錄片就沒有票房，但是這部電影混合了叛逆脫軌的壓力與迷戀追求的快樂，形成一種新鮮稀有的衝突情緒，因此產生了娛樂的新鮮感。

此外，只要不凡，即使很本土、很鄉土的題材都可以有品味，當本土被精緻化到一種程度，就會有品味。

有品味的廣告，不等於看不懂的廣告。有品味的廣告是讓人們知道它在講什麼，並且在吸收訊息的過程中感覺良好。針對三、四線城市的居民進行推廣，總聽見一種論述：「要直接易懂，不要高大尚」。這句話暗示著對農民工應該走低俗粗暴，逼迫強記才是有效傳播的方法，這是是一種迷思。

　　對三、四線居民宣傳的路線當然不必高大尚，但也不可以低俗粗暴，而是要有鄉土的品味，莫言的得獎作品說的就是三、四線人民的故事，真正鬼畜（洗腦、惡搞、爆笑）的好廣告絕對不是一時低俗到爆的作品，而是雖然不是主流，但卻是有風格的作品。

　　品味是廣告的靈魂，是抽象不具體，但真實存在的好東西，廣告並非和品味不相關。

　　人類天生就有感知品味的能力，所有人對品味都有直觀的感受。

　　品味和廣告的關聯有：

　　一、所有消費者都能意識到在廣告背後那些人如何對待他們。

　　二、品味需要花錢與時間。

　　三、品味絕對可以幫助銷售。

　　四、品味會增加說服力。

　　五、加入個人風格是道德的。

　　要如何創作具有品味的廣告呢？注意細節。單純。含蓄、提供說服的藝術。不凡、要有創新元素。

　　有品味的廣告不等於看不懂的廣告，真正的好廣告是：雖非主流，卻是有風格的作品。

12 名人代言

運用名人做廣告，就是要名人演自己才值回票價，否則何必用名人，就找廣告演員就好。

　　名人代言，是傳播界從過去至今天，經常運用的傳播手法。無論是大眾傳播的廣告，或是折射傳播的公關，還是互動傳播的直效，以及現在無所不在的互聯網傳播，都很重用明星代言。

　　明星代言的好處，就是利用名人精心辛苦經營的名聲與經年累月的聲望，為產品打光。藉由看到名人想到產品，而快速增加知名度，同時也將名人的個人魅力與特有的氣質移情到產品，因此複製了和名人一致的品牌個性。

　　這是一個商業交易，廠商給予名人明星一筆相當的

金錢換取速食的品牌個性，名人的風格與語氣也迅速被套在產品，產品就不必花長時間來累積品牌資產，是一個讓產品變成品牌非常有效率的方法，特別在廣告專業不發達的地區，名人廣告更是到處皆是，十支廣告，六支是名人廣告。

我的第一個名人廣告是孫越拍的麥斯威爾咖啡，輪到我的時候，是延續前人的第二集。用一個又老又醜、又常演壞人角色的孫越，是我的老闆宋秩銘先生和王念慈小姐的想法，靠著黑魔法的敏銳直覺，而不是理性分析的邏輯，最成功的是賣給了原本大力反對的客戶。孫越推薦大家喝麥斯威爾咖啡，滴滴香醇，意猶未盡，讓麥斯威爾品牌調入了嘗盡人生滋味，於是懂得什麼才是好東西的人生哲學，意味著咖啡與體驗人生一樣，要細細品嘗。

我們的老朋友孫越

而孫越這個面有皺紋、演過各種角色的老明星，正是最適合的代言人。當時孫越敢向我們要了一百萬元的

演員費，在早期的廣告界是個天價，也成為莫名其妙的新聞。孫越拍了麥斯威爾之後，剛好轉型成為社會公益的推動者，是影響台灣正面價值觀的十大人物之一，麥斯威爾隨身包上市，原來是要派發十萬包咖啡免費試飲的活動，被我靈機一動轉成了慈善義賣的公益行動。讓原來要雇用專人來派樣的開銷歸零，改為提供大學生熱心參與公益，體驗社會經驗的機會，原來必須支出的樣品成本成為街頭募款的所得收入。一張孫越跪在馬路上接受一個可愛五歲小女孩，代表幼稚園班上合捐三千元買一包咖啡包的真實照片，刊登在報紙新聞上。孫越是我們在公益活動上免費的代言人，孫越接了麥斯威爾廣告的期間，就沒有接受其他任何商業廣告，他是極少數將品牌視為自己的工作使命，在他代言的期間，很敬業的為麥斯威爾代言，而不只是個商業買賣。他是個充滿溫暖、充滿道義的人，我很敬佩他。

　　孫越的廣告，第一年有銷售，第二年有成長，第三年陡升讓我們超越了雀巢，成為世界上唯二市場占有率贏過雀巢咖啡的市場。

廣告中的持續性

　　崔麗心，是我遇到的第二個代言人廣告，當時她不是個明星，是淡江大學法文系的系花，客戶嬌生嬰兒洗髮精則正要重新定位，不只是嬰兒用的洗髮精，還是年輕人的成人洗髮精。我們不是借助崔麗心的名氣，她是個無名的大學生，而是借助她青春氣、善良質，上進領袖的魅力，來投射目標消費群所喜歡的同伴形象，我們在廣告片中塑造她為一個校園的意見領袖。「崔麗心，晚上演唱會，妳去嗎？」「好哇，但我要先回家洗個頭。」於是，洗頭的產品隧道，埋伏的廣告詞「嬌生嬰兒洗髮精，質純溫和，對於經常洗頭的妳而言，再適合也不過了。」我們在廣告片中塑造她是個非常愛洗頭的女孩子，連續三年，無論要去哪裡，看電影、參加舞會，都是要先回家洗個頭，「回家洗個頭」成為當年的流行口頭禪，第一年有了銷售，第二年有了成長，第三年銷售真正陡升，於是，準備產品延伸。

　　我很早就體驗「持續不斷」的重要性，包括在代言人的運用上。全聯先生，至今十年，歷久不衰，這也是

我對名人廣告的第一個心得：持續用相同的名人。

崔麗心，不是我找到的代言人，而是我的好友范慶南首發的案子，我只是接手之後，持續前人的作品，將之發揚光大，懂得珍惜夥伴的成果，不喜新厭舊地繼續前進，才會有美好的結果。後來，為了嬌生嬰兒乳液的廣告，我花了半年也找不到一個比崔麗心更適合的代言人，終於在最後一刻，由雜誌社推薦的封面女孩周小薇，在拍了一支成功的乳液廣告片之後，因為男朋友的反對，就停止與我們的合作，在人生的交岔路上，選擇一條默默無聞的道路，放棄藉由廣告成名的星光大道。

我失敗的名人廣告，應該是為東森購物拍裴勇俊的廣告，中年家庭主婦是電視購物的主客，占有80%的分量，而韓星裴勇俊正是當時最紅的師奶殺手，為了討好我們的重量級顧客們，重金雇用了裴勇俊來演一段感人的愛情故事。影片雖然拍得很美，但並未造成轟動。

代言人要做自己，不要演出

　　我對名人廣告的第二個心得是：絕對不要讓名人去演另一個人。運用名人做廣告，就是要名人演自己才值回票價，否則何必用名人，就找廣告演員就好。

　　孫越在所有的麥斯威爾廣告片，演的是自己，我是孫越，我向你推薦麥斯威爾。廣告的劇情是搬家，場景就是孫越的家；廣告的場景是火車站，站長稱呼孫越就是孫越。崔麗心的廣告說的是崔麗心的生活片斷，不是別人的，我們甚至找崔麗心與她的初生嬰兒一起拍嬌生的嬰兒系列，「寶寶用好，妳用也好。」在易利信的廣告片中，金城武就是金城武，雖然劇情是我們編造的，但是故事發生在金城武在日本的生活場景，用語是金城武的日常用語，劇情正是金城武的日常生活。

　　要用名人代言，就要用盡名人的效益，不要讓名人變成演員，而是真實的他與他的真實生活，這樣的推薦商品才是真實，否則人們很快就意識到這只不過是個被買通的演員，甚至認為商品的售價含有昂貴的代言

費用。

要找真正的名人

　　有關名人代言的第三個心得就是：既然要用名人代言，就要用真正的名人才有效。因為經費不夠，只雇得起二流的演員，根本就產生不了任何名人的效應。愈有名的名人廣告效果就好，不太有名的名人則根本沒有廣告效果。

採用名人代言的風險

　　我的第四個心得，也許是個偏見。就是除非我沒有更好的點子，否則我不會採用名人廣告的手法，因為名人要花很多的成本。

　　採用名人的風險就是人會改變，人有未知的一面，如果名人為了自己的前途改變風格，改變了在人們心目中的形象，那麼長期寄生在名人形象所累積的品牌個性就不符合。或是名人未知的一面，被揭露出是個負面形

象，也是被迫認賠殺出的損失。此外，根據名人的特質來量身打造的品牌廣告，可能限制了創意的空間，錯失了讓奇蹟發生的機會。

我不偏好名人代言，但也不反對名人代言，但我相信：名人代言，將永遠存於傳播的世界！

本章關注：

名人代言是經常運用的傳播手法，在無論何種傳播中都很重用。利用名人的聲望為產品打光，藉由看到名人想到產品而快速增加產品知名度。同時也將名人的魅力與氣質移情到產品上，複製和名人一致的品牌個性。

名人代言是商業交易，廠商用金錢換取速食的品牌個性，不必花長時間累積品牌資產，是讓產品變成品牌非常有效率的方法，尤其盛行在在廣告專業不發達的地區。

持續性在廣告中是相當重要的，名人廣告必須持續和同一位名人合作。代言人要做自己，不要演出，不變成演員，而是真實的本人和真實的生活，這樣的推薦商品才是真實。

Part Four

如何在工作上
快樂又成功

13 如何開會

我們每天都在開會，但真正達成效能的會議有多少？

　　我年輕的時候，去了美國康乃狄克州念書，住在德裔美國人海斯太太家，海斯太太的爸爸是美國太平洋艦隊的司令，我們所住的小鎮南方港（Southport）是像聖誕卡上印刷的新英格蘭鄉下的景色，美不勝收。鎮上住有許多美國大公司的老闆，他們任職於美國鋼鐵、美國XEROX（全錄）……這些公司。其中和我有密切關係的是我的鄰居Mr. Yanner，經海斯太太的親自介紹，Mr. Yanner知道我是一個遠道而來學廣告的留學生，而我也認識了這位負責全球當紅的品牌拍立得、剛從麥迪遜大道著名廣告公司DDB退休的資深副總。

　　我永遠記得Mr. Yanner邀請我去他家作客的一幕，我緊張的站在他家，維多利亞造型的深紅色豪宅門前按

下電鈴，Mr. Yanner阻止他那隻黑色獵犬的嚎叫，告訴我「放心進來，它不會咬人」，偌大的客廳非常黑暗，筆直的長桌，放著兩盤溫過卻不熱的牛肉三明治，這是一個午餐的會面，卻像一個面試的會議。Mr. Yanner問了我好多問題：來自哪裡？為何而來？將來想做什麼？全是工作上的問與答。我們的午餐在嚴肅正式的氣氛下度過，與其說這是一頓難過的午餐，不如說是一個難忘的會議。

Mr. Yanner應該是個工作狂，曾經見過大場面，做過大事情，然而退休的生活，非常枯燥，十分寂寞。他的三個兒女移居南方，很少回來探訪，每日陪伴他的是一條全黑的迷你獵犬。他最期待的是星期四下午的來臨，因為每週四下午兩點會有一輛克萊斯勒的轎車，準時到達他家大門口，車上會下來兩位西裝筆挺的年輕人，兩位他過去的手下，從紐約市開五十哩路前來向老長官請益，Mr. Yanner應該也是準時在門內等候，否則怎麼可能每次都這麼快就開啟大門迎接。

除了藉由老部屬的孝順拜訪滿足他重溫精彩舊日情

境之外，就是小題大作地指導著我這個沒見過世面的年輕小伙子，一個來自台灣的廣告學生。我每次請教他有關如何做廣告的問題，他總是從頭到尾解釋清楚，經常在事後還補充十頁書面說明，從如何做調研？如何假設概念？如何選擇切入點？到如何結案？他是將他對廣告不滅的熱情移情到我這個小小默默的無名小卒，而，我占了最大的便宜，我從他身上學到廣告專業，遠遠多於我在學校所學。

Mr. Yanner沒有教我任何廣告理論，他只告訴我廣告的實務，其中之一，就是如何開會。

許多事是開會無法解決的。開會不能取代一個殫精竭慮的明智決定，開會不能取代一分深思熟慮的分析報告，開會不會減少決策錯誤的責任，開會不會降低資料不足的風險。有時候，一個人做事比許多人一起開會所獲得的成果更有效率、更有品質。有時候，資訊的分享，書面傳閱比口頭報告更加精準，而且讓人較有時間消化成有用的知識。總之，許多時候根本不必開會。

當我們確實應該開會，那我們就應該確實開會的目的。一般而言，開會可以分為三個主要類別：第一種是分享資訊，大家彼此交換資料，讓團隊更明瞭全盤狀況。第二種是生產方案，針對課題，集體動腦，思考新的解決之道。第三種則是決定方案，根據已經擬定的方案，進行討論選擇。

決定誰應該來參加，誰不必來參加

要讓會議的過程有良好互動關係，並且又有足夠不同觀點的適當人數是五至八人。至於決定人選的原則是：有決策權的人是當然必要人選，決策者無法到場寧可散會擇期再會。此外，對議題有興趣的人及有相關知識的人優先考慮，兩者若有衝突，我會選擇前者，因為興趣的熱情會讓人在事前補足知識。

冷漠的知識分子將在會議之中產生負面的影響，這和不同意見的人是不同的意義，因為成員多樣性在會議中是被絕對歡迎的，多樣建設性的挑戰與諫言才會對會議的成績有所幫助。

幫助參與者事先準備好開會的準備

這沒有比早送出一份簡明的會議議程更有用的了，一張有用的議程，除了應該包括什麼時間、在什麼地點、有誰會在一起、討論什麼事情、要討論多久之外，特別應該說明為什麼要討論這個議題，以及與會者應該在會前準備好什麼功課。唯有如此，才能讓會議的目的非常清楚，所謂「專業」就是讓所有的細節都和目的有所相關。至於開會需要多少時間才會適當則是個藝術，因為時間太長會是時間資源的浪費，但時間太短表面看來很有效率，但實質上卻又沒有效果，這也是浪費時間。

準時開會、準時結束

要令人準時到場的好方法就是準時開動，準時結束。準時開始才會造成遲到的事實，否則永遠沒有人算是遲到，對於遲到的罰則及責難，要有點嚴又不要太嚴，因為過度苛責的結果，可能在會議的過程中，失去了一個因過度情緒化無法投入的參與者。準時結束會議正是讓人沒有理由遲到的原點。開會的過程，鼓勵不同

意見是主席的首要任務，至於人們為什麼不願意或不敢發表意見，可能是因為：

一、他們擔心表達意見的同時，就是被老闆或同儕評估能力的關鍵時刻，於是沉默是金，不說話就沒錯。

二、他們恐怕表達意見之後，一旦被採納就要獨自去面對執行上的困難，因此模範生不但沒有獎勵，反而獲得懲罰。

三、他們顧慮若發表不同的主張，將會引發可能的衝突，讓氣氛尷尬，令人窘迫不安。

要消除人們在會議中的不安全感，主席可以：

一、經常表示出對少數人意見尊重的態度，在會議形成結論之前，總是記得將少數人的主張再度檢查一次，即使最後不加採用，也要主動稱讚那些提出挑戰的人是做了善意忠告者的角色。

二、會議的過程，不斷提倡學術討論的精神，讓人們很自然地跳出本位變成第三者，客觀地來討論課題，人們只要擁有客觀的立場，就不怕面對衝突，因為那只不過是在另一個空間進行學術研究。

三、適時地鼓勵那一些一直保持沉默的與會人士，表示在乎他們的想法，但千萬不要強迫發言，因為強迫的結果將永遠分不清真假。

參與度是後續工作是否成功的最重要指標

雖然會議只是一個過程，落實會議產出的結論才是真實的成果，然而人們對落實會議結論的承諾程度，卻是和參與的深度成正相關，參與度愈高，自我要求的執行力就愈強大。另一方面，參與度的深淺則和會議的氣氛好壞直接相關。許多研究顯示，在愉快的氣氛中，人們的學習力與創造力都會增加，科學研究顯示，當孩童在爸媽溫馨關愛的鼓勵下，學習語文的能力加倍、成績傑出。因此，當你發覺開會氣氛不對，停止會議擇期再議，是明智的行為。

開會前準備好一些輔助物，將不只強化參與的關注，也會提高過程的效率。

桌上放好三張白紙，一支鉛筆以45度角斜排，暗示著參與者不要只顧發言，也要有所聆聽。事前檢查好白板筆有沒有墨水，免得高潮的氣氛就被澆了冷水。白板上夾好一大疊白紙，是一種歡迎人們勇敢地上來說明高見的無形語言，牆上貼好「革命無罪，造反有理」的格言字眼，則是一組鼓舞會議氣氛的啦啦隊。使用白板雖是傳統，但絕對好用，白板能凝聚大家的眼睛，並讓大家一起同步思考。桌上，紙與筆也是雖然基本，但絕對需要的物品，筆記就是記下不及表達的想法。

非常成功的會議源自主持人專業的策劃，一個美好的會議腳本如下：

一、選對與會者，會議就成功一半了。會議只是實踐團隊工作（team work）的平台，如何引導不同優點的人生產1+1>2的結果，先從選角開始，根據會議的目的選

擇能夠互補的參與者。

二、先向與會全體說明開會目的後，隨即介紹每個人之所以被邀請的理由，並分派各別所擔任的角色。

三、事前思考好會議的流程，這個流程並不只是一個會議的節目表，更重要的是提供一個邏輯思考的模組，藉此讓大家能跟隨相同的思考流程進行生產，並且同步在一個思考平台上討論，於是才會有團隊合作的豐富收穫。

四、前面的三個步驟應該就是主持人開場白的內容，思考模組〔即有內涵的議程（agenda）〕被大家同意之後，便進行會議的內容。如果發現原先思考模組的運用，讓會議困難重重，這時，主持人應當機立斷，改換備案的模組進行。永遠有備案，就是專業。

五、當會議遇到阻礙，無法前進時，適時的暫停，讓人喝杯咖啡，說個笑話，起身走動，打打電話，藉此消化大家的潛意識，然後再開始，往往有神奇效果。

六、沒有結論的會議，是個無效的會議。主持人除了以「重複說明」來確認結論之外，最好當下討論下一步行動，「誰在何時完成什麼」及「誰可以給誰什麼樣的幫助」。而強大行動力的主持人，將親自撰寫會議紀錄，並在二十四小時內送到所有與會者的眼前。

　　如何開會是廣告實務中的要項。會議可分三種類別：一是分享資訊。二是生產方案，針對課題思考新的解決之道。三是決定方案，根據已經擬定的方案，進行討論選擇。

　　開會要做到準時開會、準時結束。要鼓勵不同意見，消除與會者的不安全感。會議只是過程，落實結論才是成果，參與度是後續工作是否成功的最重要指標。

　　當主持人有專業策劃，就會有成功的會議。好的會議腳本包含：選對與會者、能讓成員清楚會議目的和各自任務、提供討論的邏輯思考模組、有備案模組可供替換……。

　　沒有結論的會議是無效的，主持人最好討論接續：「誰在何時完成什麼」及「誰可以給誰什麼樣的幫助」，以期成效。同時，即時完善的會議紀錄是必要的。

14 商業寫作的要素

寫作的能力與升遷的機運是絕對相關，擅於寫作的人必定是思慮周密，懂得如何推理結晶一個清楚明確的結論，並且能以巧思布局按著適當的節奏來說服讀者。

人生的故事不是你遇到什麼事，而是你遇到什麼人。

在服務麥斯威爾咖啡的期間，我和Ramsey，我的第一位部屬，很幸運地遇到一位恩師Cathy，來自通用食品位在夏威夷國際總部的行銷經理，哈佛畢業的高材生，父母是紐約中國城的廚師，辛苦打工存錢，讓她完成學業。

而我的第一位部屬Ramsey，後來成為廣州奧美的第一任總經理。他是香港僑生，從AE（廣告業務）做起，但卻向大老闆TB宋秩銘直接報告，比我早到奧美，只

因我留過洋，有碩士學位，回國當了他的小老闆。開始時他很不服氣，時間久了，我們一起挑燈夜戰，一起吃苦挨罵，有了革命情感，成為最要好的工作夥伴，私下是最好的朋友。有一年端午節，星期六，我到公司拿東西，看到Ramsey一人在座位上加班，我隨口問了他今年有沒有吃粽子，他回答：「在超商買了一個。」我聽了莫名的難過，覺得他一個人在異鄉工作挺可憐的，於是立即回家拿了六顆我媽親手包的粽子回到公司要給他，「Ramsey！Ramsey？」沒想到才十五分鐘，辦公室已經人去樓空。

好的會議紀錄

話題回到通用食品的Cathy，我們的客戶也是我們的老師，她除了讓我們認識什麼是國際水準的行銷專業，也以身作則地實踐什麼是一個商業人士的標準動作。每一次的會議紀錄，她都不依賴代理商的紀錄，而是在她返美的飛機上用錄音筆記下，並由她祕書第二天打好發來。她的會議紀錄，沒有一句廢話，只有重點，清楚地描述會議中做了什麼決策，明白地指示下一步，誰在何

時應該完成什麼事。

我們千萬不要小看會議紀錄的寫作，從一個小小的會議紀錄可以觀察到寫作者的思維是否清楚，文筆是否簡練。好的會議紀錄並非想像的簡單，在你一言我一語的混亂中要有冷靜清楚的傾聽能力，要整理一個具有專業美感的會議紀錄還必須懂得如何將項目分類，井井有條，讓人一目了然。此外，要讓會議紀錄成為一個有行動力的紀錄，就必須先有能力主持好會議，讓一場會議有所結論，否則會議紀錄將失去其主要的功用。當雙方對會議內容有了誤會，可以藉會議紀錄來澄清。當會議結束之後，會議紀錄能讓團隊知道下一步是什麼？如何分工？何時到期。

會議紀錄是訓練商業寫作最好的練習，也是基層（初級）員工最基本的功課。會議紀錄是一家公司最直接表現專業度的接觸點，這家公司的人才素質可以從他們公司發出的會議紀錄來評鑑。我和Ramsey一起寫了五年的會議紀錄，後來十年「如何寫會議紀錄」一直是我在新人訓練上教學的課題。你若要追求專業，別忘了

在會議紀錄的水準上嚴格把關，專業就是對細節上的追求。

事實、事實，還是事實

商業寫作的竅門是：少用形容詞，只用動詞與名詞。如此不但給讀者一個簡約明確的專業美感，同時也減少因為使用形容詞所造成的混淆與曖昧。形容詞在創意的提案書可以幫助精準地描述創作的風格，突顯文案的語氣，形容詞在私人的信件中，可以表達豐富的情感，增加閱讀的樂趣。但在商業寫作上，我們要讀者體驗專注在事實、事實，還是事實。

商業寫作的第二個重點就是永遠把重點擺在第一。我們要在第一段就讓對方明白這篇文字的主題，讓對方知道為什麼要讀這篇文書，因為在職場上閱讀太多的訊息，每天來自不同人的不同e-mail，唯有一心要幫助讀者快速進入狀況的作者，才能讓他的寫作發揮最大的寫作效果。

寫作的能力與升遷的機運是絕對相關，擅於寫作的人必定是思慮周密，懂得如何推理結晶一個清楚明確的結論，並且能巧思布局、以適當節奏來說服讀者。寫作削尖思考的腦力，練習說故事的能力，反省對人事物的價值觀，沉澱屬於自己的信念，這些都是任何人要做更上一層事業的基礎，過去我的手下都是要先證明他們在寫作上的能力，才有機會升遷。

　　寫作的另一個心得，就是要善用人性的糾結，來讓故事的內容更加動人！所謂人性的糾結，就是事情對與對的選擇。大部分的商業議題很少有絕對的對與錯，所以當我們寫作的論述若能透過一個事件的對立意見辯解，不但讓內容完整好看，也是增加說服力的好方法；而對執筆者來說，透過寫作的自我對話，可能梳理出另一個新鮮有益的觀點。「糾結」是說故事最佳的調味劑，讓文章添增人的味道。

　　最後，也是最重要的，要寫一篇好的商業寫作，必須要言之有物，要言之有物就先要心中有譜，於是收集資料、參考書籍、與人對話，都是幫助自己想透的功

課。有人平日能言善道，但寫不出來，就是因為內容膚淺，不夠精闢，導致能說不能寫的現象。另一方面要促使自己深度瞭解某個議題，就從寫作開始。

寫作對職業生涯的助益

若非寫作，我進不了這一行。我大學是學貿易的，當時台灣有四萬多家貿易公司，想要出頭就是從事貿易工作，所以我也隨著主流前進。然而，真正在開始找工作的一刻，報紙人事分類廣告版上的貿易公司招募廣告，總是剛好有一個小小欄位徵文案的廣告，不知為何，念完商業學院的我，心裡卻有個小聲音：「文案似乎是個比較有趣的工作。」於是，我一家貿易公司也沒去應徵，反而去了廣告公司應徵文案，這就是我進入廣告行業的初衷。沒有精緻的長期規劃，也沒有周密謹慎的分析，只是一時跟著感覺走，走進了廣告的世界。

我完全記得應徵文案的場景，一個會議室長桌坐著八個應試的求職者，每人發了一包零食，要我們每人寫一則平面廣告。「小心，別被老師抓到了!」是我的筆試

下的標題，三十分鐘後，性感美麗的女祕書前來收卷，並且一張一張的偷看，忽然抿嘴笑了起來，我知道那一張正是我的試卷。果然不出所料，祕書送試卷進總經理室不久，就出來說：「請葉明桂先生進來，其他人可以離去！」真是好殘酷的直接宣布。我進了總經理室見了總經理，本以為相談甚歡，直到他問了一個問題：「什麼是4P？」我答不出來，後來才知道，4P就是product、price、place、promotion，產品、價格、通路、促銷，是市場行銷在基本上的四個維度。

「你連4P都不懂，無法做廣告文案。」他下了結論。我沒有應徵上。我的體悟是「不懂策略無法進入這行」。於是，我轉向求職AE的工作，事實上，這是個美麗的誤解。當創意人員是根本不需要懂得策略，只需要擁有創造力的天賦，還好我沒有當上創意，因為最終我只能是個二流的創意，但是我用具有文案的筆力來寫策略，卻能讓我的企劃案比一般人的策略多了一點風格與魅力。

我應徵AE的工作並不順利，理想的業務是要給人

積極活潑、能言善道的第一印象，而我的外表卻是給人一種委靡不振的感覺，所以我在面試時總是落選，在華商廣告的面試也不例外。然而，剛好離開時忘了雨傘留在華商廣告的辦公室，取傘的需求給了我一個念頭，寫信去要傘，藉著寫信要傘的藉口開啟了我連續七封自我推銷的銷售信函，七封信打動了當時擔任業務經理的Shenan（莊淑芬），給了我試用的機會，於是開啟我一生至今的廣告生涯。

若非寫作，我進不了這一行。

Power Point 寫作

最後，我要淺談一下提案用PowerPoint的寫作，投影演講或是提案用的視覺輔助物，在著名的TED演講會有的是專業的範本，賈伯斯在任何蘋果公司新產品發表所呈現的視覺輔助物更是經典佳作。視覺輔助物，顧名思義就是個輔助物，但是太多人直接將提案書修剪過後就成了PowerPoint的內容。這種視覺一點也不輔助，真正務實的PowerPoint沒有太多字，只有關鍵字，最多就是一

兩句話或是一兩張主視覺。

過去的PowerPoint文字多於視覺，現代的PowerPoint視覺多於文字。現代的視覺輔助物是個聲光電的結晶，除了文字與視覺，還要運用聲音，適當的音樂與音效，可以增進觀眾的投入感，讓提案更加生動！

我過去曾製作了一套左岸咖啡館的提案視覺輔助物，連頁碼也是用視覺來呈現，我在書店找到一本法國攝影選集，其中記錄巴黎艾菲爾鐵塔的興建過程，我把它拍了下來，將巴黎鐵塔從零到完成的連續照片變成了我PowerPoint的頁碼。

視覺輔助物，無論是文字、視覺、音效，都是為著唯一的目的：幫助你的提案更加生動！因此，你是主角，它是配角！

會議紀錄是訓練商業寫作最好的練習，是初級員工最基本的功課，可以評鑑一家公司的人才素質。

商業寫作的竅門是：少用形容詞，只用動詞與名詞，要讓讀者體驗專注在事實上，除了事實，還是事實。同時，永遠把重點擺在第一。

寫作能力與升遷機運絕對相關。寫作能力包含腦力、說故事能力、價值觀、信念等，是任何人事業發展的基礎。

寫作要善用人性的糾結，讓故事更動人！而寫作最重要的是要言之有物。收集資料、參考書籍、與人對話都有幫助。如果想深度瞭解某個議題，就從寫作開始。

務實的 PowerPoint 沒有太多字，只有關鍵字。除了文字與視覺，適當運用音樂與音效，可以增進觀眾的投入感，讓提案更生動。然而，這些只是輔助，真正的重點還是提案！

15 如何在工作上快樂又成功

讓每一個人擁有他想要的。

——法國哲學家阿蘭（Alain，1868-1951）

　　我們不能選擇的事太多太多：我們無法選擇誕生、無法選擇父母、無法選擇各種器官的能力、無法選擇緣分……，然而，卻有我們絕對可以選擇的：那就是我們在任何時候都可以決定什麼是自己生命中最重要的，什麼是最微不足道的。透過這個決定，影響了自己的快樂與痛苦，安排著自己的成功與失敗。

　　我相信每個人都想要快樂，想要成功，即使有自虐傾向的人，也是想從自虐的過程中獲得快感。但是「想要」不過是一種念頭、一個想法，而「真的想要」才是種強烈的野心、強烈的企圖心。有了野心、企圖心，我們才會專心。而專心讓我們每一刻間意念的選擇總是那

麼一致，因為一致性才會發生累積，形成承諾。而不斷實現自我承諾的過程，將讓我們享受快樂的感覺，而持續累積行動的結果，會讓我們終於達到成功的目的，無論你對成功的定義是如何。

想要在工作上快樂又成功，首先要自問：你「真的想要」快樂嗎？你「真的想要」成功嗎？

是因為成功而快樂？還是因為快樂而成功？

有人說過這樣的話：「雖說不必太富有，但我知道，富有真是妙不可言。」於是，我們埋頭苦幹，期待有一天出人頭地，飛上枝頭。

我本來也是這麼想的，終於，我終於覺悟：當我們的價值觀是要先獲得成功才能得到快樂的話，生命的大部分是個臥薪嘗膽的辛苦過程。相反地，只求快樂不求成功的態度，不但將讓自己享有因為「無欲則剛」自然產生的輕鬆愉快之外，成功總是自然來到。因為人若無欲，他所認為應該做的事，往往就是他所喜歡做的

事（人的最大痛苦經常源自他所「喜歡」和他認為「應該」的剛好相反），於是，我們做事全心全意，想事正大光明。所以，你若真的想要成功，那你最好真的只想要快樂，當你那麼想要成功的中心點消失的時候，就是你滿心快樂的時刻。

生命、自由及追求快樂

所以，要在工作上快樂又成功，一開始就是要認識自己，到底什麼性質的工作才是自己真正喜歡的工作。這是個簡單的問題，卻不容易找到的答案，因為人們通常知道自己不喜歡什麼，但是經常不確定自己喜歡什麼。

一九九六年夏天，我在北京奧美的辦公室，度著我的充電假，當時的奧美有一個愛護資深人員的保養制度，當你做滿十年，就可以申請半年支薪的充電假，而我選擇來到中國，到北上廣三個辦公室，用最輕鬆的心情工作。這天，我坐在北京奧美創意總監的辦公室裡，喫茶、聊天、聽音樂……這時，我看見紙屑筒中有一封被丟棄的信件，我無意識地撿了出來，紙上寫著：

「在許多的傳記中，主人公在命運轉機時總會出現一句類似的話，『直到那一天，我⋯⋯。』我也有過『那一天』，『那一天』便是我無意中看到了大衛·奧格威的《一個廣告人的自白》，雖然那一天並未嚴重到轉機命運，但對我的內心卻產生了極大的影響。

我知道了，有這麼一種職業，可以包容我的許多喜歡：喜歡美術，喜歡零食，喜歡小刺激，逛商場⋯⋯這一切都有助於從事這種職業。這種職業使善變、追求新鮮成為最大的優點⋯⋯又是職業又能滿足內心的歡喜，真覺得占了很大的便宜。

看到大衛·奧格威的那一天，我有了一種喜歡，對廣告的喜歡。它一直持續至今。

在一個忙碌和追求規範的廣告公司裡工作近兩年，我經歷過新鮮感、海綿狀態、興奮、無奈、滿足、自感枯竭⋯⋯再新鮮，再⋯⋯

此刻，我想離開，是想與更出色的人、更出色的環境共舞，從而使自己更出色，讓自己對廣告的喜歡發展到極致。

北京不是我的家，因為奧美，我願前往。」

這是一封應徵信，被我拾起，於是她被錄取了。

的確，我們也許會因為一本書、一個人、一部電影，或是一段工作實習的機會，受到啟發，知道了自己真正的興趣，因此改變了人生的命運。

一旦明白了自己的喜愛，就要全力以赴，有恆心有毅力的不斷學習專業知識，磨練專業技能，努力讓自己永不退步、只有進步。無論什麼行業，只要是行業的專家，都是令人尊敬、讓人佩服，都能賺大錢。

榮譽、安全、成長

要在行業中成為頂尖的人士，最好能進入行業頂尖

的團隊去磨練，向行業頂尖的老師去學習。一個在行業成為頂尖的公司，總是具有提供榮譽感、安全感與成長空間的能力。

榮譽感

是一種被肯定的感覺。當公司被認定是最好的公司時，身為其中的一分子，當然也是最好的人。我們都知道最好的醫院是最懂醫術，最好的法律事務所最懂法律，因此最好的廣告公司應該就是最會做廣告的公司。通常我們不會定義最好的廣告公司，就是最大的廣告公司或最賺錢的廣告公司，因為只有專業的名聲才會讓人感到驕傲，而為了追求專業所帶來的榮譽感，會讓員工們自覺地產生自我要求的態度，而唯有自我要求的風氣盛行，組織的氣氛就會充滿活力，而領導者的注意力將可以放在探索新的機會，而不必埋首在解決現在的問題，於是組織整體的力量將投向未來式，而不是過去式。在一個重視榮譽感的公司工作，就會感受充沛的正能量，被感染不斷上進的企圖心。

安全感

　　很少人不需要安全感的感覺，也許只是在不同的象限中有不同的程度。優良的企業總是提倡人性善良面的價值觀，讓員工不會因為誠實說話被記過，不會在凶暴惡言的壓力下工作，可以為創新而犯錯，可以為正義而損失。於是當工作環境有了安全的氣氛時，人的潛力就會自然發揮出來。

成長

　　學習，這個事情很特別，它是手段，也是目的。在學習的瞬間，我們感受成長的快感，這使我們很快樂。而學習後的成長，令我們產生信心，這使我們的快樂很實在。成長的感覺讓喜新厭舊的人性獲得滿足。

　　我們因為學習而懂得如何成長，我們也因為成長而懂得如何學習。所有頂尖的公司，都是志在塑造良好的學習環境，因此提供不斷的訓練課程，打造學習型的組織。

贏得快樂

在工作上的快樂，就是融合榮譽、安全與成長的快樂。這種快樂感受是踏實而且真實的，但卻是必須靠自己贏得，而非不勞而獲。我們想進頂尖的公司成為頂尖的人，首先自己就要具備追求卓越的榮譽感，克服自己的不安全感，並且具有自我要求成長的紀律，才有機會進入一個重視榮譽、提供安全感、給予成長機會的頂尖團隊。當我們擁有快樂的能力，成功就將隨之而來。

如何提升基本專業能力

在職場工作，有一些必備的專業能力，才能讓我們成為頂尖的人物，「成為頂尖」才是成功的真正意義。以下分享我對提升基本專業能力的一點心得。

懂得如何與人相處

與人相處之道，在於尊重，而對人最大的尊重就是真心聆聽。聆聽之所以困難、稀有，是因為我們思考

事情比訴說事情快得太多太多，人類說一百五十個字的時間，等於想一千兩百個字的時間，想事比聽說的速度快八倍，沒有耐心的人為什麼要等待別人完整的表達呢？再加上人性是喜歡聽自己喜歡聽的話，聽自己易懂的話，所以當心中已形成答案時，是很難再去聽新的主張，因為那是如此麻煩、如此不安全。

可是，人性的另一面是人們只會尊重那些尊重自己的人，人們只聆聽會聆聽自己的人。因為尊重，我們必須聆聽。

聆聽只不過是慢一點做裁判罷了，要更積極的聆聽，還應有鼓勵對方的積極溝通的企圖，於是除了少插嘴的禮貌之外，還要意識著自己的身體語言，讓聆聽視覺化，讓對方感受到。真心聆聽，會使溝通醞釀關愛與信任，有了關愛與信任，有意義的對話才可能發生。對話發生時就產生互相學習，於是人與人之間的距離接近，於是就相處好愉快！

懂得如何開會

　　永遠先設想在這個會議決定一些事情，先別管開頭、過程、而是結束的那一刻，你想要什麼？你希望獲得什麼結果？是資料分享？還是確定答案？如果是確定答案，那麼有權利做決定的人一定要在，如果不在，最好取消會議，否則浪費所有的時間。

　　你希望會議在什麼時間結束？而且記得準時結束，只有準時結束，才會鼓勵人準時開始。記得先想最後的事，如果你真的想要開會。

懂得如何寫作

　　要學習寫得好，不是從如何增加詞彙開始，而是從如何刪除不必要的字句開始。當強迫刪除的時候，你的思考就必須更清楚，因為你將會去除的是一些保護自己以免暴露思考不清的含糊字眼，通常是些含意不清的形容詞。當你的文字表達只剩名詞及動詞的時候，你必須明白自己想表達什麼；只有自己明白，才可能讓別人明

白。這種強迫刪除的附加作用，能讓閱讀者感到作者的
筆力與風格。

懂得如何販賣

　　無論販賣給多少人，都設法將之化為一對一交談
的溝通精神與形式。因為對一群人溝通是演講，不是販
賣，只有將販賣的意念當做是對一個人進行，我們的販
賣才容易成功。

　　一對一的溝通，你才會對著人類溝通，於是販賣變
得生動熱情，因此他感受到你的關心。

　　一對一的溝通，你才會用眼神看進他的眼裡，告訴
他，你對你自己的內容深具信心。於是他相信你。

　　一對一的溝通，你才會體貼地把訊息消化成他可以
消化的內容，所以他聽得懂你的意思。

　　一對一的溝通，你才會記得考慮應該在什麼時機、

什麼情境、什麼地點，他才會有興趣聽你的訊息。

懂得如何去毒，如何解脫

李奧貝納說：「伸手摘星，永遠摘不到，只是不會弄得滿手汙泥。」的確，能鼓勵人們追求卓越，努力向上……

但是，永無止盡地摘星，漫無盡頭地爬山，一個山峰之後又是另一個山峰，我們究竟是人，人會累，就算是機器也會折舊，也需保養，也要修理。

維修的哲學是平日保養勝於事後整修；醫治的道理是預防勝於治療。

懂得藝術

閱讀那些不是增加一技之長。

我很羨慕那些懂得欣賞文學與藝術的人，因為我

知道在這裡面有許多一通百通的道理，也有心靈環保的作用。

聆聽音樂和閱讀好書的效果是類似的，聆聽音樂，音樂是直通心靈的感官感受。

懂得運動

我的太極導引老師常說：「健康的身體是『1』，其他的好事，如有錢、桃花運、做大官……都是『0』，沒有『1』在前面，無論有多少『0』，都還是零。」此外專心運動時，也會像打坐一般有去除雜念的結果，真是一舉兩得。

持續運動最大的好處是保持頭腦清楚。我的啟蒙恩師與永遠的老闆莊淑芬女士，有一天下午四點拎著皮包站在我的辦公室前跟我說：「阿桂，我今天早上沒有跑步，所以頭腦不清不楚無法做明智的決定，我先回去了。」其實她是我老闆，根本不必照會我她早退的原因。重點是，我老闆非常有毅力，每天晨跑，除了健康

美麗，更是為頭腦清晰，以便處理萬機，做好明快的正確決策。

懂得結交一群真心的夥伴

雖然這是個可遇不可求的事，只是一旦有緣就珍惜著，讓它有緣有分。友情不是理所當然的，也是需要培養。擁有四、五個人的群黨，讓我們回到原始時代，成群結隊去打獵的場景，我們不但感到安全，而且藉切磋戰技，壯實彼此；藉相互敷傷，恢復戰力。

但在此特別提醒的是：死黨聚會聊天，難免談到政治，談政治的快感，來自分享片斷的資訊，拼圖成一個大家原來沒看見的景象。然而，在這個過程中，人們享受著集體創作預知未來的快感，談政治的副作用是在快感散會之後，隨之而來沉澱的負面思想，汙染著原來的熱忱心靈。所以死黨聚會的話題，最好是「七分軍事，三分政治」，而不是「七分政治，三分軍事」，太多政治話題會將原來信奉人性本善的人，演化成改信人性本惡的人。

好的死黨，除了真心相待之外，還會互相提拔，而不是拉著同伴一起沉淪，當你掉到低潮的陷阱時，千萬不要和正處於低潮不得意的人，互抓痛處，因為一定會落井下石，大家一起滅亡。

懂得反省的能力

通常我們的怨氣來自外在別人行為的影響，如果我們真的想要好好的活下去，就要懂得原諒與寬恕。原諒不是遺忘，也不是將事件合理化，而是誠實去面對事實的真相，看得很清楚，於是明白，於是瞭解，於是原諒，人的心結只靠時間流逝，是無法洗去。

此外，原諒自己往往比原諒別人重要，因為人只有喜愛自己的時候，才會去喜愛別人。原諒自己，首先也要面自己的錯誤，察覺自己的錯誤，察覺自己的弱點，當承認的那一剎那，就是解脫的開始。接著我們寬恕自己，這樣我們便可以開隨時隨地在開始新的一天。

「想要」是念頭，而「真的想要」是強烈的企圖心。有了企圖心，我們才會專心。專心一致才會累積，形成承諾，實現的過程，會讓我們享受快樂，達到成功。

想要在快樂又成功，要先自問「真的想要」這兩者嗎？只求快樂不求成功的態度，會讓自己「無欲則剛」，輕鬆愉快之外，成功會自然發生。若真的想要成功，最好只想要快樂，當想要成功的中心點消失時，就是滿心快樂的時刻。

要快樂又成功，必先認識自己，到底自己真正喜歡什麼。一旦明白之後，就要全力以赴。任何行業，只要是專家，都能令人尊敬並賺大錢。

要成為頂尖人士，最好進入頂尖團隊磨練及學習。頂尖的公司提供「榮譽感、安全感與成長空間」，這三者就是工作上的快樂。

想要提升基本專業能力，就要懂得：如何與人相處、如何開會、如何寫作、如何販賣、如何去毒、如何解脫、藝術、運動、結交真心夥伴、反省。這些都對提升專業能力有助益，多懂無妨！

Part Five

一些領導之道

本篇各章整理自作者在奧美集團公司大會的演講稿

16 愛與紀律

一九九九年我擔任奧美廣告董事總經理，直接肩負大團隊的管理責任與業務成敗，在「丟掉」兩個客戶之後，我和全體夥伴分享工作角色的「愛與紀律」。

在進入主題之前，我想先分享一部老片《現代啟示錄》的一段內容對話：

「我記得當年在特戰部隊的時候，好像是好幾年前的事了。我們到人犯營去替小孩注射疫苗，當我們為小孩子打完小兒麻痺疫苗離開後，有一個人哭著追出來，他是個瞎子。

我們折返回去，發覺每一隻注射過的手臂都被越共砍斷了。

地上一堆小手臂堆積如山。

我還記得我──我──我像個老祖母一樣地哭著，我衝動地想打落自己的牙齒，除此之外，不知該怎麼做。

我要記得這件事一輩子都不要忘記。

我不想忘記，後來我才體認到，我像是被鑽石子彈打中一樣，被子彈穿中了前額，我心中想著上帝呀竟有如此能耐，是能耐、是意願，才下得了手。

完美、純真、完整、晶純、無暇。

後來我瞭解到他們比我們還有力，因為他們承受得了，他們不是怪獸，他們是人，受過訓練的人，那些人以心來作戰，他們有家有孩子，他們心中充滿了愛，才至於有這種力量……才下得了手。如果我擁有十師的這種人，那麼我們在此地的困擾將很快結束，你得擁有一批人，他們既有道德感，同時又能毫無考慮地去殺戮，絲毫不動感情，也不加判斷。」

越共終於打贏，因為他們為了家園、家人，他們心裡充滿了愛，但同時在該做什麼的那一刻，他們只有 just do it（做就對了），做該做的事，這就是紀律。

昨天，我們去光陽比稿，客戶對我們提出的兩支腳本，一支是「懸崖勒馬」，一支是「懸崖不勒馬」，有了以下的聯想。

他說：「日本軍隊的隊伍一路前進到懸崖邊，如果沒有接到停止指令，隊伍就繼續前進，即使掉入懸崖。而中國軍隊的隊伍來到懸崖盡頭，同樣沒有聽到指令卻會自動轉向。日本軍隊有紀律，兩軍交戰，日軍一定得勝。」

軍隊如此，個人也如此。

客戶的紀律

剛好這個星期，我分別見了兩個客戶，雖然他們都

將離開我們，但另一個共同點是，他們都是該企業最高的領導人、最終的決策者。一個是聲寶的陳泰銘，一個是詩芙儂的黃董。

我在英國小學的聖誕園遊會遇見他，陳泰銘。

他也帶著一家大小前來這個親子活動。我們親切地打招呼，介紹家人互相認識，但他在上個星期拒絕給我一個將近一億四千萬 billing（廣告）的生意。對不起，我們沒有拿到這個生意，因為我擬了一個他無法接受的價格策略。在比稿前，我和他建立了很好的關係，說話也很投機，他甚至欠了我們一些人情，但比稿後兩個月內，我打了數十通電話，他沒有一次回電，他不讓我有任何見面關說的機會。他要自己很清楚、很清明地下這個判斷，他們內部完全沒有討論，他決定自己決定。在他心中，友情及絕情同時存在，他做該做的事、他認為是對的事，他對他的選擇負責。他很有紀律，我討厭他的決定，但我尊敬他的紀律。

前天我去詩芙儂討債，他們的片子停拍，應該付我

們前期工作費用一百萬，但黃董決定一毛不付，因為片子沒拍成沒有理由付。結果他看我單槍匹馬前來，很意外，我們兩人一對一的在他辦公室談話。談這種事情，一對一比較好，不需要兩隊人馬對陣，進行檢討大會。

最後他告訴我：「當我一看見那個金額，就不想看，情緒立刻就上來了，很怕看見這個數字，我的部屬也一樣想逃避。然而，既然我和你一樣是公司的主事者，讓我來面對這個事實吧！這是我們應該有的紀律。」他說自己是很浪漫、愛幻想，並且追求創意的人，但應該實際的時候，他非常實際。

並存的兩種矛盾

「在現實的競爭環境，必須同時具有兩種似乎衝突的價值觀，才能生存。」這到底是不是個真理？昨天同事大Ben和我同乘一部計程車，我們討論這個主題，他說「雖然我不喜歡，但我相信這是真理。」我和他一樣。

這也讓我想起來創意總監老杜（杜致成）的履歷

表，形容自己是藝術家與生意人的結合。我相信，能夠存活最久，並常在創意高峰的創意人員，必然是那些既熱愛創意，同時自我要求的紀律最嚴苛的創意人。是紀律的能力確保了他們創意熱情不減。同樣的，爬得愈高、愈戰越勇的廣告業務人員，必然是那些既熱愛創意，同時自我要求的紀律最嚴苛的業務人員，是紀律的能力確保了他們不斷學習上進的毅力。

我相信這個套裝的句子，放在奧美的任何一個兵種都通行。

那麼紀律是什麼？也許不同的專業各有不同，在我們這行的紀律，最重要的就是和時間相關的紀律，準時，準時交件。無論是內部還是外部，準時給會議紀錄（Contact Report），準時回饋，準時估價，準時給財務報表，準時給作品，準時查核（Review），準時回饋。要做到準時，通常要付出代價，而毫無思索地付出代價就是紀律。

其他的紀律，聽起都是理所當然的國民生活需知，

例如：說話算數，重承諾，對夥伴的承諾，對客戶承諾。例如：就事論事，想清楚，說清楚，坦白誠實，不必小人，尊重別人的發言，珍惜每一個可能的想法（idea），這些種種若是變成學生時代的作文題目，每個人都會說得頭頭是道。

人性是可愛的，這點絕對需要要被不斷提醒，被尊重、被體貼；但人性也確實有許多弱點，需要我們誠實面對，不斷反省。而紀律將保護我們可愛的人性不會腐敗、臭惡。

只有紀律沒有理想的專制不會成功，只有理想沒有紀律的任性必定失敗。

在現實的競爭環境，能夠存活最久，並常在創意高峰的創意人，必然是那些既熱愛創意，同時嚴苛自我要求紀律的人。

廣告這行最重要的紀律，就是和時間相關的紀律，準時，準時交件。準時給會議紀錄，準時回饋、估價，準時給財務報表、給作品，準時查核、回饋，要做到準時，通常要付出代價，而毫無思索地付出代價就是紀律。

人性是可愛的，但人性也確實有許多弱點，需要我們誠實面對，不斷反省。而紀律將保護我們可愛的人性不會腐敗、臭惡。

只有紀律沒有理想的專制不會成功，只有理想沒有紀律的任性必定失敗。

17 我會提拔什麼樣的人？

用人是領導者最重要的使命，一個領導者提拔怎樣的人，應該有一致的標準。對我來說，這個標準就是三種能力和一個特色。

一、專業能力

簡言之，業務人員要有好的書面溝通能力，創意要有好的作品，財務要有好的報表，祕書要有靈活如水銀般補位能力。

當主管面對兩個專業能力相同的部屬，必須二選一時，誰能在相同資源下提供完成度較好的作品，誰能在較短的時間內提出更細節的想法，誰能在較少預算內提供更精確的解決之道，誰就是勝出者。

專業的精神對在奧美工作的人，是成就感主要的來源，我們因為比較專業而覺得榮譽，奧美任何未來的領導者都必須在專業能力上有所示範。

二、學習能力

學習不只是用功讀書、認真生活。光是運用記憶力累積知識不足以成長，上網路、逛書店、看電影等學習途徑只是最基本的功課。學習的能力不只是聰明的吸收力，或是專心速讀的技能，而是能將知識化成個人的智慧，因此必須有對話的能力。所謂對話的能力，除了和別人對話，更包含與自己對話。真正的對話不只是瞭解與分享，真正的對話是能藉對話的過程，創造新的體會，沉澱新的觀點。

擁有良好的學習能力，之前提及的專業實力才能不斷厚實與更新，更是最好的向上趨動力。有人是為了權力與自主性而努力奮鬥，有人則為了累積財富而奮發向上，但是不斷學習的原動力卻是最沒有副作用的驅動力。

三、久活能力

　　要在這行活得長久，除了毅力、體力，還要有正面思考的能力。我們不必那麼辛苦地每天臥薪嘗膽，如果我們能自然地產生快樂正面的電波，那麼正面思考能幫助我們找到機會，鼓勵人們發揮潛力。自我提拔的機會，就在於把一點小小的優勢放大成全面的優勢。發揮自己比改變自己是容易多了，而且更有效率。

　　快樂地工作應該是比痛苦地工作更有效率。事實上，正面思考的能力可以透過學習而來。

最後一個條件：個人魅力

　　就是個人的魅力，這是個奇怪的條件，也許又是我個人的偏方或偏見，所謂個人特有的風格魅力，不是來自依附名牌打扮的外型，也不是源自良好教養所調教的禮儀。

　　我相信，人們會不禁發散一種無形的魅力，來自

他（她）擁有熱誠的心智，更明白的說，就是明確而一致的價值觀。而魅力的感受則往往來自當面對兩個衝突的價值觀，他（她）卻擁有更高層次的價值信念：在「對」與「對」的選擇中，一個有魅力的人通常會做出有智慧的抉擇，並且都和「關愛他者」有關。

我不願提拔怎樣的人

雖然我不喜歡急功好利的人，但如果他能符合我前面所言，他還是應該被提拔。愛拍馬屁也不是我關心的，我們不因拍馬屁而升官，我們也不因拍馬屁而不升官。我們不必考慮脾氣是否溫和，態度是否和悅。

我不願提拔的人是那個會把團隊功勞占為己有的人，分享是產生團隊的基礎，而搶功則是團隊分裂的開始。要辨別自私搶功的人並不容易，通常只有那些被搶功的人才知道。而當愛搶功的人步步高昇，影響的層面必然愈來愈大，必須特別小心。

　　用人是領導者最重要的使命，提拔人應該有一致的標準。我的標準就是三種能力和一個特色：

　　一、專業能力：專業精神讓人有成就感，使人覺得榮譽，領導者必須有優異的專業能力，以為示範。

　　二、學習能力：學習力必須能將知識化成個人的智慧，因此必須具備對話的能力。能藉對話過程創造新體會、新觀點。擁有良好的學習力，專業能力才能不斷進步，更是最好的向上趨動力。

　　三、久活能力：要在這行活得長久，除了毅力、體力，還要有正面思考的能力。快樂地工作會比痛苦地工作更有效率。而正面思考的能力可以透過學習得到。

　　四、具個人魅力：人們的無形魅力來自於明確的價值觀。當面對衝突的價值觀時，此人能夠做出有智慧的抉擇，並且出發點是基於「關愛他者」。

　　我不願提拔的人：是那個會把團隊功勞占為己有的人，分享是產生團隊的基礎，而搶功則是團隊分裂的開始。

18 為什麼人才留不住？

上任滿一年總經理後，表面上名利雙收。奧美在創意上獲得最多獎項，在企業聲譽上繼續獲得《天下雜誌》標竿企業第一名。在收入上，發出業界最高的年終獎金。但是，我感受到最大的危機來臨。

表面上的功成名就在我內心並無法形成滿足感，反而覺得：「哦！目標總算達成，任務終於完成的一時解脫。」會有這樣異常的心情產生，是因為我耽心同事在這裡不夠愉快，而且，我耽心他們在這裡失去熱情。我之所以擔心，因為我一直相信：只有愉快的工作環境與熱情的工作夥伴，才能保證未來三年持續的名利雙收。如果我一定要如此理性的分析。

上星期，我的朋友問我近來如何，我直接回應：「雖然有名有利，但士氣不佳。」他問我說：「你怎麼

確定你知道事實，說不定只是你士氣不佳，大家的士氣好得很。」若是這樣，我就心安。

雖然我不夠確定，但願在此分享我的觀察：

數字總是客觀、無情地表達一些現象，當體溫為39度時，你可能是感冒發燒，也可能動情發春，總之，超出正常就是異常。我們過去半年的人事異動率還是很高，這讓我不安，因為很快找到人是一回事，太快流失人又是另外一回事。

當環境不能留住人的時候，我們雖可以推說是外界的網路公司挖角凶猛，別家廣告公司提供較高的權位、較大的空間，但我們不能對數字的警訊視而不見。

今天被介紹過的新人也許想著：「好險，有人離去，否則我就進不來了。」非常歡迎今天的你，但我更在乎明年的你。

回到今天的主題：為什麼人才會留不住？

在這行優秀的人離去的主因，是因為他覺得沒有要好的工作伙伴、足夠的朋友，沒有足夠的良師益友就會不快樂。我主觀地認為，一個人在他的工作崗位上，在360°×360°的工作接觸上，若至少擁有二十個深交的夥伴，他是很難被外界打動，而且他的工作成果一定很好。

為什麼沒有那二十名深交的工作夥伴？原因可能是：

一、不合理的工作量：所謂不合理，可能太少，也可能太多。太少的話根本接觸不到二十個人，太多則因為分內的工作品質差，變成夥伴的拖油瓶，變成互相刻薄批評，而不是交流指教。

二、不公平的待遇：沒有人喜歡和那些被老闆偏心的同事做真心朋友，因為彼此心裡有猜忌，而且雙方都會感受到。在奧美，通常是被輿論認為是老闆偏心的人選擇先離去。從來沒有人認為自己是被偏心的，多數人認為自己承受不公平待遇。

三、批評多於稱讚：美好的環境是有批評，也有

讚美，而且批評總是坦白的一對一，讚美則是公開的承認。差勁的環境則是只稱讚自己，批評別人，於是破壞了有福同享、有難同當的交友之道。其實功過總是大家一起，才是 team work（團隊合作）的精神。

最傑出的領導，不是當成功得勝的時候，人們會第一個想到你，而是當人們沉澱下來時，覺悟到這件事不能沒有你。

於是：

一、當你連續兩個月無法有星期六、星期日的時候，或當你整年度都沒辦法抽空休年假的時候，請告訴你老闆。

二、當你覺得公司有不公平待遇時，請告訴人事主管或是我。

三、當你很久沒有稱讚別人，請稱讚自己或找機會讚美別人一下，不是說謊，不必鄉愿，否則聽起來就像諷刺一樣。請讓正面的能量被加乘，被傳染。

在此再度提醒大家，公司有個明文制度，每個單位都可以向主管申請一日遊的所謂戶外教學活動，目前沒有人申請過，我很難過，我猜是大家唯恐回來要寫心得報告，或要做心得分享。現在我來修正一下，你可以不必有任何心得分享，只要你會找另一個單位一起出遊，鼓勵大家交結親友黨，組博愛社，交個朋友，每人補助五百元。你可以買張歷史博物館達文西展的票，中午吃碗桃源街牛肉麵，下午北投二級古蹟瀧乃湯溫泉。

是的，最細節的制度、最嚴明的獎懲、最效率的管理，不能保證創造最愉快的工作環境，只有最熱情的工作夥伴才會保證。

我會盡最大的力，雖然有人說我，看起來愁容滿面，卻一直說著鼓勵人家要快樂起來的話。但另一方面，你也可以盡一份心力，讓正面的能量被加乘、被感染。

前幾個月，我們可愛的櫃檯總機小姐，問我的生辰八字後，給了我一張字條，上面寫著：「生命數字9，代

表可以『信任』和『放鬆』開來，進入生活。」

這張紙貼在我家冰箱上，回家開冰箱找食物時，總會看見，我太太說這張紙條也是一種食物，每看一眼總一個念頭提醒，便好好睡覺了。

我們這行往往挑戰很多，外出打仗回來不會事事得意。回到老巢常有受傷，不必再互相撒鹽，應該互相敷藥療傷，明日再戰。

最後，我想再分享一個觀點來結束我今天的說話。

這個週末，我去花市做了一個選購，

一束盛開的百合；
一盆未開的盆栽。

相同的價格，百合放在客廳馬上就美麗芬芳，盆栽不但要每兩天澆花，每月施肥，很是費工，但是百合再十四天就用畢丟棄。

盆栽雖然每年開一次花，卻會不斷成長，還可以分枝繁植，我選擇培養盆栽，你呢？

在這行優秀的人離去的主因，是因為他覺得沒有要好的工作伙伴、足夠的朋友，沒有足夠的良師益友就會不快樂。

我認為當一個人至少擁有二十個深交的夥伴，他是很難被外界打動，而且他的工作成果一定很好。

為什麼沒有那二十名深交的工作夥伴？原因可能是：不合理的工作量、不公平的待遇和批評多於稱讚。

當你長期無法休假時或覺得公司有不公平待遇時，請告訴你老闆。當你很久沒有稱讚人，請稱讚自己或找機會讚美別人一下。

最細節的制度、最嚴明的獎懲、最效率的管理，不能保證創造最愉快的工作環境，只有最熱情的工作夥伴才會保證。

19 生存之道

人性總是喜新厭舊，要保住客戶，要讓自己常保生命
喜悅，就要有「隨時隨地再開始」的能力。

　　這幾年來，每次新客戶來洽談新生意的時候，我
總是會問對他目前的代理商有什麼不滿。大部分的答案
是：「沒有犯什麼大錯誤，只是有點疲了，沒什麼新
意，想換換代理商，看看有沒有機會突破。」後來，我
們拿到了生意。但相同的報應也發生在我們失去老客戶
的情況，不熟的客戶會說一些我聽不懂的政治說法，真
正的熟客戶則會誠實告知：「你們實在疲了，沒什麼新
意，休息一下吧，讓別人試試吧。」 這種情形，我稱之
為「黃臉婆效應」。尤其現在景氣不好，革命情感只能
放在心中珍惜，但現實的銷售才是最實際的考慮。

　　前陣子，我在電視上看到一個屬於深度報導的節

目，探討婚外情，一個被貼上馬賽克的第三者回答道：「有時候我也很納悶，他太太這麼美麗，為什麼還有外遇，我一點也不比他太太漂亮，更沒有比她有才氣，我想我唯一勝過他太太的就是我比較新鮮吧！」

在另一個分析政治的電視節目上，一位名嘴預測泛藍軍最後的結果，因為人性的悲哀，必然是互殘惡鬥終於潰不成軍。他說他做了二十年律師，幫人打過上千個官司，其中利益衝突的陌生人很少，大都是夫妻、兄弟、親朋好友反目成仇，親近的人之間的利害衝突，反而比陌生人之間的利害衝突，來得更加激烈與無情，這是什麼道理呢？

我們應該承認自私是人性的一部分，因此常是寬以待己，嚴以待人，一方面貪圖外在提供新鮮來滿足自己的好奇，一方面自己卻又無法提供別人新鮮創意的感受。也就是對外是「喜新厭舊」，對內是「喜舊厭新」，在要求別人「求新求變」的同時，自己卻是無法「求新求變」。

隨時隨地再開始

　　去年，我們為了保住Seagram1801的比稿，將1801定位在前衛流行，為了討好一群年少得志的少壯派消費者，創意總監繼武提出一個創意概念是：「老了該死」，我不喜歡這個主張，但我同意它背後的意涵，若要有所改變，往往必須「置之死地而後生」。我喜歡早期做K. SWISS的品牌主張：「歷久彌新」，這是左腳，這是右腳。K. SWISS的樣子二十一年來都沒有變，「雋永的好樣子」這張稿還掛在十一樓Room A的門口繼續為奧美「加持」。我更喜歡以前麥斯威爾隨身包的主張：「隨時隨地再開始」。

喜悅之道

　　無論是悲是喜，人生的每一個當下，都是全新的開始，現在的悲傷，過一會就是過去，現在的榮譽，過一會也是過去。如果我們真的想要活在當下，常保身心愉快，想要直到老的時候，依然是個可愛的老人，就必須隨時隨地再開始。

243

這是一種喜悅之道。

三年前，李景宏向我推薦一本好書《活在喜悅中》，今年，裘淑慧為我找到另一本好書，其中一個章節討論如何擁抱新事物，也有一些啟示與共鳴。

當你做新的事情時，你會變得很有意識，並能覺知到當下的這一刻，因為你將注意力放在那上面，並能全然的警醒。做新的事情讓你的身體振奮，更有活力。許多人選擇一些涉及危險或緊張的工作，以便他們體驗讓自己存活所需要的覺察力與注意力，像賽車手、山岳攀岩者、走鋼絲的。若是落在日常的工作生活中，改變作息的慣例，早一點起床，或晚一點睡，下班回家做一些不一樣的事，從事一些不太重要的小改變也能使人得到一種活力澎湃的感覺。

我想：也許我們所在的行業開始時也像冒險家，非常刺激，但做了三、四年的廣告之後，就會覺得廣告人的工作其實是很例行的開會、整理、討論、發想、提案，不斷循環，其實人生是像向上環繞的螺旋，你一次

又一次的在其中轉圈子，常常你會面臨相同的問題，只是每次都會從一個更高的觀點來看事情。

文學家在文法的限制下，創造不同語氣的文章；畫家運用三個原色，創造不同風格的色彩；作曲家在聲樂的紀律中，創造不同格調的樂譜；科學家在數學的規則裡，推理不同的道理。廣告這個行業也有著相同的本質。

生存之道

不斷翻新重生的道理，不但是人類文明的真理，也是生物的生存之道，人之所以能繼續生存，是因為人的細胞不斷分裂，不斷複製，重新組合新細胞。這種不斷新陳代謝讓我們不斷年輕繼續生存，直到我們新陳代謝有了問題，最後尾數的DNA總是無法完整複製，於是不能真正翻新，我們終於衰老而死，這是自然界的生存之道。

最後在此節錄一首歌詞的一個段落，來自帕妮

（PUFFY）的〈這是我的生存之道〉：

　　最近在你和我兩人之間，感覺不錯

　　不好意思ne，感激不盡ne

　　從今以後還多多照顧ne

　　慢慢慢慢地在過程之中好戲不斷

　　相伴走到最後一刻ne

　　誰也不可以中途來打岔ne

　　樹上剛摘下來的水果非～常的優

　　我們最好能一直像這樣子

　　不論經過多久，仍新鮮

　　唱到這裡，再見

　　（姚謙　中譯）

246

　　人性總是喜新厭舊，要保住客戶，要讓自己常保生命喜悅，就要「隨時隨地再開始」。至於發生「黃臉婆效應」時，要如何因應呢？「隨時隨地再開始。」

　　人生的每一個當下，都是全新的開始。我們要活在當下，常保身心愉快，必須隨時隨地再開始。

　　當我們做新的事情時，會變得警醒有意識、對當下有覺知，會讓身體振奮、更有活力。一些小改變能使我們活力澎湃，我們要擁抱新事物，活在喜悅中。

　　工作久了會像例行公事般循環且疲乏，常常面臨相同的問題，但我們可以進步到以更高的觀點來看事情。文學家、畫家、作曲家和科學家，在各自的限制中推陳出新、超越日常，廣告這個行業也有著相同的本質。

　　「不斷翻新重生」，是人類文明的真理，是生物的生存之道，也是我們的生存之道！

附錄

如何做咖啡廣告

　　我從一九八四年進入麥斯威爾，一九九六年開始左岸咖啡館，二○○九年服務City Café。三十二年來，聆聽數十調查討論，思考破百提案，過目上千作品，終於有些學習，進行分享。

　　人生的美好故事，並非來自遇到什事，而是你遇見什麼人。

　　在服務麥斯威爾的期間，我遇見了孫越。孫越連續四年擔任麥斯威爾咖啡廣告的代言人，讓台灣成為全世界僅有兩個打敗雀巢咖啡的地區之一，孫越先生也在這段期間，從一個專演壞人的演員昇華成一個真正好人的慈善家。我剛認識孫越的時候，他是個菸不離手的老菸槍，沒想到他竟然成為推動戒菸的最活躍的推手。在

第二回續約時，孫越告訴我們，他不但已經戒菸而且將全心投入公益的慈善事業，身為一個推動公益的人，他的百萬片酬不要聰明合法的節稅，而要正正當當的全額繳稅。

孫越先生是一個真正的慈善家，真正的好人是：人前是個好人，人後也是個好人。

二〇〇〇年，左岸咖啡館開始有點名氣，統一企業的前總裁林蒼生交棒退位，這個品牌獲得他的青睞，他希望在放下總裁許多事務之後，能親自參與左岸咖啡館的品牌推廣，他對左岸咖啡館的偏心，來自他認為左岸咖啡館是統一出品最有品味的品牌。

記得，有一天他和我們品牌小組開會的時候特別申明：「我是想真正參與左岸咖啡館的作業，希望你們能將我當做品牌作業小組的一員，而不是客戶的總裁！」但是，我們卻做不到，處處按他的意思不敢違背，想當年，我們提「左岸」咖啡館這個品名的時候，林總還很不贊成，認為左岸是指中國大陸，應該取名為「右岸咖

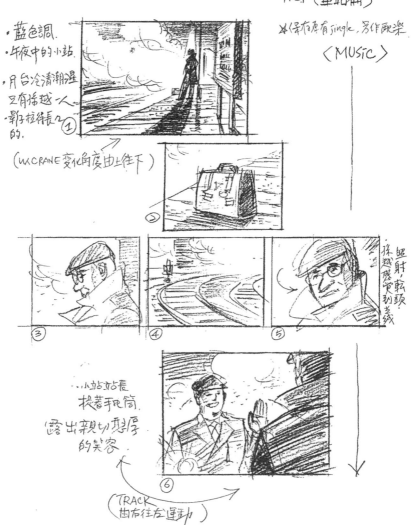

麥斯威爾廣告當年的設計分鏡圖

啡館」，卻遭到我們堅定的反對，那時他高高在上，遙不可及，如今他如此親近，我們反而心有成見，不敢說真話，有一天林蒼生總裁打電話給我，告訴我：他感受到我們無法將他視為一個正常的工作夥伴，而他的位置也不適合與我們在一起發想左岸的創意。當下，我的心裏一方面感到自責與內疚，另一方面卻不禁覺得輕鬆起來，從此，他離我們遠去……

接著是City Café 的故事，7-ELEVEN統一超商總經理陳瑞堂，當年，他是協理，忽然召見我，原來是讀了我在奧美《觀點》雜誌所分享的「如何做咖啡廣告」，覺得很受用，希望我能為City Café 有所貢獻，並且立即召喚了廣告課長來洽商移轉這個生意給奧美，可是我婉拒了這個生意，因為City Café 才剛剛比過稿，由另一家廣告代理商正開始正式服務，我認為應該尊重商業比稿的遊戲規則，話說兩年之後的另一場比稿，我們贏得了City Café，服務了十年之久。「城市探索」，在這城市的每個角落都是City Café 的咖啡館。

該是你的，終究就是你的。

253

以下就是我的分享：

瞭解咖啡的本質

一、人們喝咖啡的動機，一直不變

提神：咖啡起源十一世紀阿拉伯人的提神藥用飲品。

品嘗：十五世紀，土耳其入侵歐洲失敗，咖啡卻征服歐洲人的感官，成為一種口感與嗅覺的精緻享受。

放鬆：這種享受發展成咖啡文化，產生一種讓人放鬆心情的氣氛。

社交：這奇妙的氣氛有助人與人之間的對話溝通。

二、咖啡的飲用時機

咖啡是很奇妙的商品，一方面能提神，一方面又能放鬆，因此相同的人，會在一天不同的時間，因為不同的理由，而飲用相同的東西。

早晨，一杯咖啡開始他忙碌的一天，許多人在早

晨沒喝咖啡就覺得整天無精打采，這種心理因素讓早晨必備咖啡成為一種習慣，想要擁有一群忠實飲用者的品牌，早餐時間是最好的接觸點，也是茶唯一無法取代的時機。

日間，任何一個可以偷閒的時刻，無論是精明的上班人士，或是賢慧的家庭主婦，咖啡都是暫停休息一下的最佳夥伴。

對於那些擁有整天自由時間的文藝工作者，及整天等候商機的店員，咖啡可以伴隨整天工作，前者藉著品嘗與思考來刺激靈感，後者藉著品嘗與幻想來打發無聊。

晚間，人們選擇特別的地方和特別的人喝咖啡，在人、地、時、事所組合的空氣之中，用咖啡來點燃友情與愛情。

對有些人而言，深夜反而是一天的開始，就像早晨一樣喝咖啡。咖啡真是奇妙的商品，不同的人，在不同

的時間，卻因相同的理由所飲用的相同東西。

如何定位咖啡品牌

定位就是在什麼飲用動機之下，提供什麼差異點來取代他原來所飲用的商品或品牌。

一、找到飲用時機的切入點

一般商品從目標對象的數量來開始定位與思考，咖啡則最好從真正瞭解自己產品的品質開始。因為咖啡的本質是：不同人卻有相同動機，相同人也有不同的動機來喝咖啡，所以品牌擁有一個動機與時機是最實質地占領消費者腦海中的一個位置。

因此我們必須確定自己的產品是在哪一個動機與時機具有競爭力，而且這個競爭力可以取代在這個動機背後的時機所飲用的商品。思考如何讓任何人絕對提神的咖啡，比思考如何讓一個女人專用的咖啡有啟動思考的能力。

二、如何找到產品特質的差異點

有三個不同的理性面：

咖啡原料：例如：百分之百阿拉比加豆，稀有的藍山山脈豆。

製造品質，例如：冷凍乾燥瞬間凝香，原木炭烤烘焙。

以上兩種差異點只能當做新聞一般，只有搶在別人之前大聲地說一次，通常就很快地被競品趕上，因此產品的特色，最好是從口味的特色切入。

咖啡風味：來自三種感官的鑑賞

1、無可抗拒的咖啡香。

2、不苦不澀的順口。

3、百分之百的濃郁。

通常產品若能有真正顯著的產品力，將很容易地延伸出有意義的感性利益點。

如何讓咖啡廣告具備食慾感

所有咖啡廣告終極目的，都是企圖讓消費者覺得這杯咖啡是一杯最好喝的咖啡。咖啡屬於食物的一種，於是和大多數食品廣告一樣追求食慾感。

一、天氣愈冷，咖啡愈熱，也愈顯食慾感。火爐邊的咖啡一定比沙漠中的好喝。晴天不如雨天，雨天不如下雪。

二、古樸感比現代化有食慾感，有些類別愈新愈好，如服飾、手機；有些類別愈舊愈好，如醬油、美酒，咖啡屬於後者。十九世紀的咖啡比二十世紀飛機上的咖啡好喝。

三、馬克杯，甚至保溫瓶的瓶蓋，都比皇家御用的磁杯有食慾，除非商品是加酒調製的咖啡例外。

四、咖啡裝在藍色的包裝，或深藍色的杯子，經測試顯示：最能給人們感覺高級的感覺。咖啡千萬不要被放在咖啡色的咖啡杯內，毫無食慾。

五、黑咖啡比加奶精的咖啡有食慾感，雖然九成以上的人飲用添加牛乳或奶精的咖啡。

六、攪動中的咖啡比一杯死靜的咖啡好看。加上氣泡或泡沫就更加可口。善用沒有打散的牛乳可以是最佳的裝飾品。

七、剛煮好的咖啡比放置一小時後的咖啡有食慾感。運用水蒸氣所產生的香氣視覺比香菸真實可信。

八、真實的照片比人工的圖畫有食慾感。適當的原始材料可以增加食慾感，咖啡原豆可以讓咖啡好喝，正如生菜蕃茄可以讓漢堡可口。

九、聲音能刺激食慾，煮咖啡的沸聲，動人的古典音樂，輕啜聲都可以直入消費者的腦海深處。安排巧妙的音效往往比大聲嚷嚷的旁白，更有說服力。

十、聞香的動作往往比喝的動作更有食慾，呈現咖啡準備過程也是聰明的選擇。此外將咖啡放置在食物旁邊：如餅乾、起司的場景，也能增加食慾感。

有關廣告策略的策略性思考

一、20／80的道理，絕對適用於咖啡類別，真正所謂「咖啡飲用者」平均每天喝三杯咖啡（美國市場在二十年前就已經是平均每天每人三點五杯），每週二十杯的愛用者，比每週偶爾喝兩杯的即興者多出十倍的銷售量。對這些真正咖啡飲用者而言，咖啡是沒有季節性的，即使夏天，他們還是每天三杯。擁有咖啡愛好者，才擁有市場。

二、咖啡的新聞性非常稀有，一旦產品有新聞，千萬別錯過。當新口味的產品延伸，應針對口味的特色進行溝通，這是一杯濃烈的味道？還是溫和的口味？方便消費者們選擇。如果你的新產品毫無特色，那麼選擇「香」的切入點，將是個八九不離十的績優選擇。「咖啡香」是咖啡整體品質的指標，正如買魚時，明亮的魚眼是新鮮的保證。

三、飲用咖啡通常不只是一個感官的享受，而是一種感性的經驗，因此廣告所扮演的角色，經常是提醒

消費者這種美好的經驗。當你的咖啡只有和別人一樣好時，情感豐富的廣告能注入一種神奇的迷藥成分，讓相同的咖啡變成非常的香、醇、濃。

如何讓咖啡品牌有魅力

一、創造品牌獨有的傳奇

為品牌的背後刻印一個品牌故事，正如麥斯威爾咖啡在美國有羅斯福總統品嘗後的感言：「good to the last drop」（香醇至最後一滴）；在台灣有孫越丑角的奇蹟：「好東西要和好朋友分享」。或是創造一個品牌傳奇，正如左岸咖啡館源自「十九世紀法國文人匯集的咖啡館」，歷久彌新的傳奇故事，讓品牌就像有神蹟的廟堂，擁擠著朝聖的信徒。

二、創造品牌獨有的風格

咖啡品牌必須擁有「迷人的風格」與健康食品需要有「令人相信的理由」是相同的層次，但卻是不同的道

理。因為咖啡的好其實是無法用說服的，而必須採引導的方式，創造獨特風格是引導的手段，藉著獨特風格提供人們一種未曾感受過的感覺，不但能在眾多廣告訊息突出，並且產生「一見鍾情」的效果，因此也節省了傳播經費。

三、堅持品牌提供一個真實的好產品

咖啡，人們總是終於會分辨什麼是好咖啡，正如紅酒一樣，由奢入簡難，甚至比紅酒早在高尚的場合中或專門的咖啡店裡體驗道地的好咖啡，這些香醇濃的感官快意總是將在人類的記憶中不忘。消費者天生有能力辨別咖啡的好壞。

因此，「傑出的咖啡廣告，將加速劣質咖啡的消失」。

最後，一個提醒：不具相關性的咖啡廣告，經常失敗。

避免採用結婚、畢業典禮這類關鍵時刻，來廣告咖啡。人們用酒來慶祝，不是咖啡。一個人喝咖啡是品嘗，兩個人是分享，一群人喝咖啡便將失去咖啡的感覺，變成一個沒有味道的咖啡廣告。此外，避免用方便及低價作為主訴求，因為省事與廉價明示著一杯味道很差的咖啡。

　　最後的最後，我要套用一句古老的教條來結尾："Rules are for the obedience of fools and the guidance of wise men."（所謂的規則，愚者遵循不疑，智者引以為戒。）

　　這句話「滴滴香醇，意猶未盡」。

如何做泡麵廣告？

我們這行的人看見我，總是會聯想到左岸咖啡館、心情故事、麥斯威爾、易利信，甚至記得March、X-Power。但不會有人記得「小廚師」。如今，它依然默默地放在泡麵貨架的角落，默默地販賣著。

許多年前，小廚師是我參與的第一個從零到有的品牌。曾經紅過一時，隨著客戶家道中落，被迫連廠一起賣給新的養母，從此，我再也沒看見它被好好照顧過……雖然如此，它倒是能憑著自己特有的口味，自己照顧自己，活到今日。我當時的創意夥伴——丁香，說是按著我的長相，畫了一個「小廚師」的品牌人物放在包裝，也成為廣告代言人，我怎麼看都不像我，倒是頗像如今盛名的康師傅，只不過小廚師比康師傅早生了五年，應該是個巧合罷了。

丁香所繪小廚師圖像

這是我要分享我做泡麵的第一個學習：當你的品牌擁有一個非常具象的視覺，它將確保品牌的知名被深刻地記憶。就像阿Q桶麵廣告中的樸實貪吃的高中生——阿Q及維力手打麵的張君雅小妹妹，藉著這些具象的品牌人物不但強化品牌獨特的個性，也節省廣告的成本，因為每一支廣告都將累積廣告資產。

「能被累積的就是一種投資，不能被累積的，只是一項費用。」

對於速食麵這個類別而言，「知名度」十分重要，因為所有口味的選擇，只有少數人會在進店前有些定見，但真正品牌的選擇，都是在面對貨架眾多品牌的那一刻。你的品牌名必須在消費者的潛意識之中，與其他品牌競賽，優勝者才能進入消費者的品牌排行榜之中。偷聽他們在週末聚餐的談話內容：

「我們去哪吃啊？」
「你想吃什麼？」
「日本料理還是法國料理？」

「不，就吃牛肉麵吧！」

「那我們就去阿Q餐廳好嗎？」

「那裡的紅椒牛肉麵還不錯。」

「那個老闆——阿Q，你記得嗎？好有趣的一個人。」

再重複一次！一個具體的視覺形象將幫助知名度迅速地建立，只有深度的知名度才能幫助你在關鍵時刻讓定時炸彈爆開來進行販賣工作。

接著，我將分享九個做速食麵廣告的陷阱。從此，你不必需要像我一樣，千辛萬苦，歷經滄桑。

一、以為雖然產品不夠好吃，但卻可以運用傑出的 行銷與絕對具有銷售力的廣告來彌補

事實上，會是相反的結果：

「廣告加速拙劣產品的死亡」，在速食麵這個類別，更是明確的真理，因為人們選擇泡麵品牌，唯一的理由就是好吃，不會是營養、健康，不會是因此更加尊貴，不

會是藉此象徵獨特的個性。判斷好不好吃，是人類天生的本領，吃過就知道，不像一般日用品，我們在使用洗髮精時，我們不能判斷是否溫和不傷髮質，也無法知道是否能滋潤髮梢，我們甚至無法確定這是天然的氣味，還是化學的香味。因此，做泡麵還在思考「Reason to believe」（說服消費者信服其獨特的消費主張）的行銷人員，基本上，是浪費公司的資源——時間、精力及金錢。

人們會因為好吃而大排長龍，即使是如此不方便。所有速食麵都一樣方便，如果比別人不好吃一定會被淘汰。我們或許為了生意，表現服務的熱情或對上司表達勇往直前的信心，假裝高潮。而消費者沒有「國王新衣」的問題，不夠好吃的速食麵，將被「具有絕對銷售力」的廣告吸引、大量試吃後，迅速地被取代，並從市場消失。

傑出的廣告幫助社會進行環保的工作，早點去除不好的，留下最好的給人類世界。

二、將速食麵視為生麵的仿冒品的迷思

我們可能有這樣的推測：人們因為沒有時間去麵店吃麵或懶得在家煮麵，才會去買包省時又省力的「方便」麵。事實上不是這樣，即溶咖啡也許確實如此，人們因為沒有煮咖啡的器材，或懶得煮咖啡，因此貪圖省時省事的即溶咖啡，而得勉強接受比較不香不醇的咖啡味道。隨著時代進步煮咖啡的器材變得更容易、更便宜、更普遍、甚至當咖啡館更多的時候，即溶咖啡的整體銷售逐漸下降。

速食麵的成長卻沒有因為微波爐的普及而下降，也沒有因為餐廳的成長而減退。因為速食麵不是生麵條的方便替代品，速食麵有它獨特的好吃：那種湯汁滲入麵條的口感是一般煮麵「湯是湯，麵是湯」的口感所無法取代的。

因此如果將速食麵擬人化，他絕對不是複製人，也不是變種人，他只是不同的人種，他不必自卑，他應該以身為速食麵為榮。

那些專研如何讓速食麵變成很像一般煮麵的行銷或研究人員將是逆水行舟，一路吃苦受難。

三、盲目隨著健康的趨勢，將速食麵定位在健康的訴求

雖然速食麵是不含防腐劑的，但人們總是誤會它含防腐劑。大部分速食麵確實是油炸的，但如果這些會是銷售的障礙，那麼香菸早該在世界上消失。人們不會因為速食麵變健康而購買，人們反而會因為過分強調健康而懷疑它的美味。我曾經企劃過一個添加綜合維他命來補強速食麵的營養成分，以便將速食麵推向正餐食用，取名字「Super man」的個案，現在想想幸好當時沒有推出，否則浪費客人的資源在一個沒有前途的品牌上。營養、健康絕不是這個類別的核心利益。速食麵的口味和零食的口感一樣：油炸的、重口味的，才會有令人上癮的魅力。

「癮」，這個東西，就是保證不斷重複購買，持續擴張重度使用者的好東西。

四、只是為了改變而改變，為了口味創新而創新口味

在這個年代，「優良傳統」變成一個非常髒的字。「不斷改變」已是一個十分流行的口號，人們從「害怕改變」漸漸變成「害怕不改變」，終於為了改變而創新。但，食物這個類別，是人類基本的需求，也是人性的一部分。人性，基本上是不會改變。

「雖然人們在吃東西方面有點冒險嘗試的心態，但大多數人仍然不願試驗全新而不熟悉的食物。」

二十年前奧美神燈系列

六年前，我和統一的好夥伴上市一些非常有創意又十分好吃的全新口味，都已在市場消失，但不是賣光光。

第一屆台北牛肉麵比賽，最佳創意獎的牛肉麵的生意，一定不比老店——桃源街的牛肉麵。

請問你會因好奇購買以下口味的速食麵嗎？

西瓜漢堡麵

鹹蛋奶酪麵

荔枝貢丸麵

豆花雞精麵

請問你會因太熟悉而不購買以下口味的速食麵嗎？

台南肉燥麵

老王牛肉麵

四川麻辣麵

福州魚丸麵

以上有夠老套、無趣、陳舊無奇的口味，是不是還
比較有食慾感呢？

有些東西愈新愈好，汽車、電腦、手機、美女……
有些東西愈老愈好，酒、古董家具、醬油、朋友……

速食麵的口味呢？

五、企圖擴大市場，而過早教育人們將速食麵當作正餐

　　速食麵類別的競爭範疇，不是餐廳、麵館，而是點心店、小吃攤。點心宵夜的食用時機，二十年來沒有太大變化。我們在最不得已的情況將有調理包的速食麵當做正餐，但不必真的將此成為推銷的核心主張。我們可以視正餐的食用是一種美好的月暈效果。

　　速食麵廣告的主要任務是：刺激人們想要吃本牌速食麵的食慾，這種食慾來自廣告是否能營造一個和速食麵食用時機非常相關的氛圍，當觀眾或讀者被引誘進入這個氛圍時，你只要輕聲地告訴他本牌的特點，他就會在下回去超商時，購買你的速食麵。

　　因此，我們必須很明確地知道速食麵到底是什麼？是點心，要搶市場就要搶包子、饅頭、紅豆湯、八寶飯、蚵仔煎、蚵仔麵線的市場。人們在不同的情緒時，會想吃不同的食物，喝不同的飲料。失意的時候，想喝杯米酒。想念的時候，想吃塊巧克力。無聊的時候，想

吃片洋芋片。什麼時候想吃泡麵呢？

如果真的要進入正餐市場，則必須要在產品內容方面有整體思考的重新組合，來符合正餐的需要。

六、當品牌被建立後，盲目地進行產品無限延伸

無限延伸，雖是美好的希望，但不是我們的選擇，試想有哪一家商店的貨架上會有相同的品牌，二十種口味？最多七個口味，因此，我們雖然應該積極努力的不斷開發口味。但我們的企圖是開發更好的口味，來取代本牌在貨架上的最後一名，藉著不斷新陳代謝，來提高我們的產品實力。

其實，成功速食麵的口味，很難被調整，因為人們已經習慣這個口味，往往第一個成功接觸消費者味覺細胞的口味，對廣大的消費者而言，這不只是習慣，而且是一個標準典範：多一分則太重，少一分則太淡。

從投資報酬的角度，改進主流口味會比發明全新口

味的收穫大。

　　但要如何延伸我們的品牌魅力呢？

　　成功的速食麵品牌，隨著時代進步，要定期檢視並改良包裝容器的現代感，藉著不同的容器進行產品的延伸擴張。根據容器大小來定位的品牌，將是劃地自限。那些特殊的包材及特別的容量只是暫時獨特的競爭力，但是這種優勢將很容易被複製追上。此外要保持品牌新鮮，最簡單又有效的方法就是在包裝美學上擁有不斷的優勢。

七、認定速食麵既然是一種食物，主要的購買者當然是家庭主婦的一種偏見

　　現代的家庭主婦，已經不像過去的獨裁與本位。她們也許能主導正餐的內容，但她們非常尊重家人對點心的偏好。她們會詢問家人的意見，觀察家人的行為。哪些品牌口味的速食麵，最先沒有存貨，那就是她下回會重複購買的品牌與口味。

速食麵該訴求的對象是用功打電玩的兒子，是過度加班的先生，是念佛吃素的母親。家庭主婦真正會自己決定的是快煮麵或久泡不爛的假速食麵。

八、上市新品牌時，過度迷信運用整合傳播可以保證傳播效率的提昇

有些商品，特別是高風險、高關心度的商品，應該在上市期間大量使用不用媒介，在不同的接觸點，傳遞不同的訊息，來追求1+1>2的傳播效果。而這個1+1>2的傳播效果，來自我們對消費者在購買的過程，進行足夠而且有意義的溝通，因為高風險高關心度的商品，若不能同時解決購買障礙，或無法讓人們的安全感高於風險門檻時，將無法起動銷售。

於是，這種類別的商品上市時，絕對需要運用多種管道，進行整合宣傳，但對速食麵這個類別，最有意義的訊息，就是「到底是怎樣地好吃」。在這個基本任務尚未完全地種進消費者腦海之前，任何其他的訊息溝通都會只是花邊訊息，事倍功半。此時此刻，最有效的方

式仍是透過大眾傳播，運用廣告進行單一訊息的宣傳，也就是所謂「定位」的基礎工程。

因此在數位時代尚未征服傳播世界之前，如果你要上市速食麵新品牌，在預算有限的時候，考慮只放廣告；在預算無限的時候，應該先放廣告。至於在大眾媒體廣告的媒介選擇，電視的聲光效果對於講究食慾感的泡麵，依然是最佳的選擇，即使是平面，或是廣播都應該思考如何創造食慾感的氣氛與聯想。正如美國廣播廣告協會的口號：「我在收音機裡親眼目睹」。

九、十分堅持要有吃麵的畫面，或十分堅持不要有吃泡麵的畫面

事實上，「eating shot」不會讓廣告變得沒有銷售力，但卻也不能保證銷售力。然而，過度依賴吃麵的鏡頭來保證類別的相關性及食慾感，將使我們從追求卓越idea的過程中有所分心，甚至有所怠懈。

話說如此，但是我們也不可低估泡麵示範的必要，

或歧視吃麵表情的威力。

讓泡麵看起來好吃的手法，已不算祕訣，那就是：

一、特寫再特寫，黑色的碗邊，通常讓麵色更加引人有食慾。

二、動感，再動感。熱水泡水氣，湯汁起泡泡，筷子夾起Q動的麵條……

三、找吃相最好的人吃麵。但，不一定是帥哥美女，因為吃相往往是帥哥美女最不上相的鏡頭。要找一個貪吃並且吃相有感染力的演員。我們都有這樣的經驗，本來沒什麼的食慾，但在和某些朋友吃飯時，卻不禁吃了許多。因為真正愛吃的人，總會傳送一種正面積極的腦波，並感染給你一種莫名其妙想吃的慾望。

接著，為讀者整理「如何做泡麵廣告」的十點心得：

一、 運用具象的視覺來加深人們的印象，視覺溝通直通人類的潛意識。

278

二、除非找到一個比競品更好吃的口味，否則千萬不要上市。人們只會在第一名的店排隊。

三、專心研發泡麵專屬的麵條，不必抄襲生麵。梨子和蘋果長得有點像，但有不同的好吃感。

四、人們選擇最好吃的，而不會是最健康的速食麵。即使是「大補帖」重級使用者，常吃的原因是喜歡補的口味。

五、人們容易對熟悉的口味上癮，參考餐廳賣得最好的口味來研發。

六、速食麵未來也許可以演進成正餐，但目前要以點心為競爭的範疇來思考策略。

七、速食麵在口味上應不斷推陳出新，但目的在新陳代謝；而在包裝上不同食用時機的延伸及包裝美學的領先，才能達到擴大品牌占有率的目的。

八、速食麵最重要的目標對象不是家庭主婦，而是食用者。

九、電視廣告仍然是創造速食麵品牌最有效媒體，此時此刻。

十、沖泡示範及滿意吃相是個選項，視情況而定。記得，食慾感。

以上十個做泡麵的心得，來自過去個人經驗，不能保證是不變的真理，以下則是我相信會有歷久彌新的一個道理。這個道理適合所有的品類，不只是泡麵。

對於所有的廣告，我們經常比消費者更早對現有的廣告活動感到厭膩，並且輕易地從致勝的關鍵點移出到一個二流但安全的位置。

人格心理學家佛洛伊德認為：人類在五歲以前的經驗將決定個人的人格。品牌在擬人化的過程正是如此。可是，我們卻經常在品牌尚處在未定形的嬰兒時期，就替換了成人的養分，將造成品牌人格的分裂。

當我們成功上市一個速食麵品牌時，我們千萬不可

得意忘形，反而要誠實自省……思考造就我們一時成功的真正理由，並藉此結晶品牌的核心。同時，我們必須充滿智慧地辨識真正的idea。在我們這一行，絕大部分的big idea總是源自small idea。這個充滿潛力的small idea通常藏在整個廣告活動的某一個角落，我們要用功，用心地找到它，提拔它，將它放在最重要的地位。從此，我們耐心培養，給它足夠的錢來發酵，足夠的時間來沉澱。如果我們揠苗助長，將導致前功盡棄。

　　人們需要多次的重複接觸，及長時間的深入瞭解，才會產生真實的忠實度。當我們品牌擁有相當廣度的忠實度之後，所有的好事，將隨之而來。於是我們將可以準備進入另一個高度的銷售。這個日子，通常我們會從一個最具有獨特性的品牌，進化成一個全方位都優秀的品牌。

　　創造成功新品牌需要「絕對」的創意，保養偉大的品牌需要「持久」的創造力。

　　雖然未來五年，地球人類的人性不會改變，消費

大眾飲食的習性，也不會重大改變，但廣大的觀眾、聽眾、讀者們將有重大改變，新的媒介將成為新寵並產生新的使用習性，這也將影響我們如何做廣告的思路與技術。要準備做好未來的廣告，就要從瞭解新媒介開始。而深度瞭解來自親身的體驗。因此再度證實，「學習是永遠的現在進行式」，在此與讀者共勉。

向桂爺學到的一件事

阿桂喜歡黏著年輕人。成天跟年輕人混，這是他理解新世代的方法。藉由吸取你的生活經驗以補他老人家不知曉的那一塊，這也是他調研的一種方式。公司裡的小朋友當然也喜歡跟桂叔聊，沒壓力又逗趣。

桂叔的平易近人在奧美這個看似深宮的地方，有著你說不上的世代代溝的潤滑劑作用。一旦你成了他眉頭深鎖時找的對象時，那時候的黏，便是一種器重了。

——王彥鎧，騰訊集團市場與公關部／執行創意總監

當阿桂來邀稿時，他是低調的說，若你忙，不急不麻煩啦！可是我怎麼可以不寫呢？因為我這一路在廣告生涯中跟著阿桂一起成就了許多案子和品牌，他的許多策略觀點和說服的技巧，真的讓客戶現場折服，直接尊稱桂爺桂爺啊！讓我們現場真有面子啊～

一句話讓客戶做決定

在做市場行銷與廣告傳播，最怕客戶說來個A+B，或是以上皆要。大家都知道任務要專一，訊息要單一，但是常常就是無法專一。阿桂很會引導客戶做策略討論，一支筆、一片白板，就可以搞定對話，找出結論。

阿桂在策略討論有一句名言：「沒有選擇，就沒有策略」，在客戶茫然貪心的時候，常常可以提醒客戶做選擇，因為有選擇才有策略。

——王蓉平，奧美廣告副總經理

將軍不能離開戰場！

阿桂是少數仍親自提案的大官！他說：「將軍一旦離開戰場，刀鋒就鈍了，就準備被取代吧！」這是我從阿桂身上學到，至今仍奉行不渝的阿桂教條！

——王興，VP & MD, Yahoo! Taiwan

當一般人醉心成功目標，相信成功後才能帶來快樂，阿桂卻在我當小AE時就教我要反向而行，先專注在做什麼能帶給你快樂，把成功先忘記，也因為無欲則剛，成功會自然隨之而來……我在廣告界超過二十年，銘記於心，回頭一看，阿桂

教我這簡單道理就是成功之道。

——呂豐餘，奧美廣告董事總經理

無論初識或相知，桂爺都讓我相信一個事實：
直覺準確的廣告人，可以創造任何事情。

——李三水，W創始人

我從阿桂身上學到的事說不完，硬要說一件最重要的就是
「虛心」。阿桂明明是個「神」一般的前輩，卻總是打開耳
朵聽我們的想法，然後適時提供寶貴的建議。對我來說，阿
桂就是個明明很厲害、竟又時時上進的好老闆。

——李宛芸，奧美廣告策略規劃總監

阿桂是我前老闆和多年戰友，我們一起工作的時間超過
二十五年，從他身上我的學習很多，其中比較深刻的是提案
文件的優化：1. 標題要畫龍點睛。2. 邏輯要簡單易懂。 3. 懂
得割捨才能突出主題。 4.花拳繡腿不如一招斃命。

——李景宏，台灣奧美集團執行長

要靠人性來做生意、賣產品，這是我和桂爺學到的事，也是

桂爺每每與客人打破砂鍋問到底的點。

人性，帶著偏見，高於偏好，看似虛無縹緲的偏執卻是交易達成最為關鍵的指令。這應該就是桂爺讓品牌起舞的黑魔法吧。

以上為我最大的收穫，其實還有很多，但就專業上來說，是這枚了。

——李穎波，廈門奧美廣告業務協理

初認識阿桂時，我剛踏入品牌行銷的領域，第一個產品就是左岸咖啡館。體會最深的是「一致性行銷方針」的實踐，它至今仍是我工作的重要思維。

——李鴻彬，僖善國際行銷（股）公司總經理

本來要當奸商的阿桂，當了廣告界的導師，也成了我的好老闆、好老師。

阿桂是一位很棒的傾聽者，不管面對客戶或是部屬，他最在意的就是找出對方的需求，然後提出策略性的建議，或者至少是一個令人噴飯的答案；無論面對多麼險峻的局面，阿桂都能保持他冷面笑匠的風格，並以他超過三十年的品牌

策略功力與創意鑑賞力，切入問題核心，帶領團隊激盪創意。

——周月如，奧美廣告資深祕書

打A中B，好事往往發生在不直接的路上。

阿桂是當年帶我入門的廣告策略老師，教了我許多東西終生受用。其中最重要的一件事是人性不能只用邏輯思維規劃和影響；很多時候，你以為是用A訊息影響群眾，結果大家喜愛你的原因卻是B，因此不設前提的持續觀察才是策略王道。溝通和影響力的塑造不是一條直路，好事往往不會發生在想當然爾的角落。

——林友琴，安索帕全球CEO

桂爺是師父，十八般武藝恩惠良多，他教會了我很多武藝。如果要總結一件事，我想應該是「什麼是專業」這件事。

——侯冰，深圳開始傳播創辦人

我可以證明賽門・西奈克（Simon Sinek）還沒在TED演說如何用Why激勵人們行動前，阿桂就不斷倡導品牌必須有價值觀。我也可以證明菲利浦・科特勒（Philip Kotler）的《行

銷3.0》（Marketing 3.0）還沒出版前，阿桂就說：除了寵物和馬，人類只會對人類產生感情。所以，你要消費者愛上品牌，品牌就要像一個人，有個性、有想法，這樣才能真正打動人心。

阿桂不善演講、寫書速度也太慢，不然早該揚威四海。

——施淑芳，奧美廣告策略合夥人

我向阿桂學習到的一件事，就是如何在廢墟中指認鑽石。

那是一堂關於創意評估的訓練課程，阿桂約莫是這麼說的：「……不要只盯著一個點子不良的地方看，你要從中找到鑽石，然後將它放大，只要它夠大，那些不夠好的地方就會不見了……」。這句話對當年還是個技藝稚嫩的年輕文案的我來說，猶如牛頓的蘋果，不偏不倚地擊中我的天靈蓋，眼前頓時豁然開闊，一片坦蕩。這句話不只教會我如何為自己與他人的創意點石成金，也內化成為我創意能力的一部分，日後，更成為我帶領團隊的價值引導。

——胡湘雲，台灣奧美集團首席創意長

阿桂說他的資深主管都可以有一面免死金牌和一把尚方寶

劍，也就是說每個人可以被容忍犯一次嚴重的錯誤，也可以
有一次要求阿桂無條件的聽他的建議。

——范慶南，前奧美互動行銷中國區總裁

「阿桂，策略如何觸發行動？」

「徐軍，去咖啡店聊吧，那裡美女特別多。」

「呃……可是我被客戶催。」

「好慘。哎你知道你住的酒店每天晚上八點鬧鬼的事情嗎？」

「我先去拿位子，幫你點好美式OK？」

（色誘不成就恐嚇，策略詭計觸發行動）

——徐軍，深圳外腦文化創意傳播有限公司總經理

學習到最深刻的事：

大部分的人只會對人類產生感情，有些被稱之為有靈性的動
物，也是因為我們容易把牠們當人看。所以，要人們喜歡你
的品牌，就要讓他們把你的品牌當人看：品牌化其實就是擬
人化的過程。謝謝阿桂帶給我們的學習，這是我聽過對品牌
這個抽象概念最簡單又精確的描述了。受用無窮！

——翁意晴，奧美廣告副策略規劃總監

桂爺口袋裡有三個三角形，用來分析品牌最深處的策略，就像一個魔術方塊，簡單而又千變萬化的講出各種品牌故事。

冬蟲夏草的品牌故事舉例，是我這個年紀的男人遇見瓶頸期的祕密武器。阿桂老師講完，我默默的決定去買來吃。阿桂說，這是用故事講故事。

——張沖，廣州昭陽和牧場廣告公司執行總裁

初次上台簡報前，極度焦慮在臺上會忘詞、腦筋一片空白。阿桂告訴我：寫下你想講的東西，愈寫思路會清楚、資訊愈完整，不容易忘記。這個祕訣一直伴隨我，非常受用！

——張瀞月，奧美廣告人才資源總監

阿桂年輕時候背不好，有一次內部開會中突然發作起來動彈不得，大家都不知道怎麼辦。他居然小心地挪動身軀躺到會議室地毯上，為了我們心裡好過，面帶笑容仰視著我們說：「沒事沒事，我們繼續開會！」

——梁榮志，榮思廣告始創人

我跟阿桂爺學到的最重要的是：Marketing is all about Segmentation & Differentiation. （行銷就是市場區隔和差異化）

我正努力向阿桂爺靠攏的是：深入淺出。

——梁鳳妹，奧美廣州集團董事總經理

對與對的選擇，策略中的策略，問題背後的問題……桂爺教的永遠是最正統的知識背後最有啟發性的感悟和方法。桂爺給我的不是專業能力，而是提升專業能力。

——許言，雅居樂集團雅翰廣告總經理

阿桂可以說是我廣告生涯啟蒙的導師之一，如果要說一件我在阿桂身上學到的事，而且只說一件的話，那應該就是他那種永遠以孩子般的眼光，對再世俗不過的議題提出哲學性問題的能力，能夠適時的提醒他身旁的工作夥伴不忘初心。

——許菁文，騰訊集團市場與公關部總經理

關於做事與做人的哲學：工作時，阿桂老師反覆強調「品牌化就是擬人化」；生活中，他身體力行傳達出「做人也是在做品牌」。

——郭心悅，葉明桂前特別助理／
香港城市大學市場行銷系在讀研究生

無論策略的推演是如何的繁瑣複雜，我們始終要記得背後絕對存在於一個再白話不過的人性起始點。

當事物的表象再極簡單純，我們還是要抽絲剝繭挖掘各種可能，不可妄下判斷。

化繁為簡，化簡為繁，這是阿桂教我的。

——郭震宇，奧美廣告業務協理

所有行銷工作者都會觀察人，但只有阿桂很庶民式的貼地觀察。他可以自然地和陌生人攀談（ㄅㄚ ㄗㄢˋ）甚歡。這是他超人洞察力的祕密。

——陳可立，（前）奧美廣告策略總監

阿桂兵多將廣，我何其幸運能近距離和他共事，擔任他九年的祕書。

翻出舊光碟，在不確定檔案有無損壞情況下，十七年前的公司大會會議紀錄居然歷歷在目，記憶猶新。每場公司大會前他總是躲在公司某個角落寫下適合在三十分鐘內發表的小演講，內容誠實又發人省思，有些他可能也忘了，我樂意為他用鍵盤敲下這字字句句，保存這些舊東西。

阿桂示範了對愈基層人員愈溫暖謙和；他也保留許多差

點被丟棄的東西，因為他看到它們發光的那一面。

　　阿桂最迷人的是他犀利的右腦，是我想學卻學不到的。

——陳舜琦，阿桂前任祕書

蹲下上師：阿桂印象

從阿桂偷學：潛心的服務！

把客戶的生意當作自己的生意；

永遠比客戶快一步；

沒有爛客戶，只有爛代理商！

影響是不知覺的存在，阿桂實人間羅漢。

——陳碧富，觀堂廣告創辦人

某年某日我在某機場轉機去某地參加奧美亞太區大會時，在登機口巧遇阿桂。興奮之下和他寒暄攀談起來。不久即感覺到阿桂不安的神情，轉而注意到他身後其他排隊的旅客，恍然反應過來他不安的原因是在替「插隊」的我尷尬……設身處地體會他人的需求與感受，這對於阿桂而言，已經不只是一種技能，而是本能，我覺得這是他之所以能成為行銷傳播大家的祕訣之一。

——陶雷，摩登天空數字傳媒CEO

阿桂是我初出茅廬的伯樂，引我登上大聯盟先發的教頭，我人生的導師。

動筆「阿桂教我的一件事」，腦海裡泉湧的內容讓我萌生念頭，似乎該跟出版公司毛遂自薦，出一本《阿桂教我的一百件事》。

信手拈來，阿桂說：

先有交情，再做交易，比直接交易，再累積交情，更有效率與效果。

他叨念的不是做人處世的帝王術。他在談品牌力，交情就是品牌力，品牌讓人偏心的威力。

別奢想改變你的弱點，缺點難改，把氣魄花在強化你的優點，等你成功了，那些缺點，就會變成你的魅力。人類是這樣，品牌也是。

二十二歲那年，我最後一關的面試官，當年的總經理阿桂第一次告訴我這段話。接下來的十來年奧美生涯，他對我重複提了三次，在我低潮徬徨的不同時間點。每一次，他都忘記曾經說過。

Strategy的中文應該翻作選擇。選擇你不要什麼，比要什麼更難。Marketing的勝負，就是選擇的藝術。

把Strategy 跟 Marketing 這兩個葉明桂先生名揚四海的

關鍵字換成人生二字，似乎就是阿桂教過我，我最喜歡的一件事。

——曾致暐，奧美廣告副總經理

做廣告，要有死硬的熱情，自虐的壞血。就是要想出別人想不到的點子才算數。工具只是事後諸葛，好奇與好勝才有原創。人們買驚喜感動，不買廣告！

——董浲，WPP學院執行副院長

說話要像講故事一樣動人，寫字要像下標語一樣精準，做策略要像切腹一樣果決，對夥伴要像愛人一樣多情，工作要像信仰一樣虔誠，對長官要像子女一樣孝順。

——劉靜鈴，中華全球市場調查副總經理

我跟阿桂學到的一個方法

用黃金圈法則來制定策略：先why，再how，最後what，即先用品牌的信念認同開始影響消費者，再輸出品牌「怎麼做」和「有什麼」，這個傳播邏輯最高效。

——劉麗雲，英揚傳奇事業部總經理

過了他的眼神，就過了客戶

阿桂的眼睛不算大，有時看不出他有沒有在專心聽你說想法，在那個像《廣告狂人》（Mad Man）的時代，還可以在室內抽菸的年代，他常常站在創意部門口，一邊抽菸一邊談想法！只要他聽到好想法，他的眼睛會突然閃出很特殊的光芒，然後一閃即逝，就開始追問或演繹更多想法（現在稱為整合行銷），然後眼睛會越說越大！起先我還不太習慣，怎麼有這麼多話的業務？是來搶話語權嗎？但是後來漸漸瞭解，好的創意是可以延伸的，阿桂一邊說也一邊幫助我整理創意，也在模擬如何將整套方案賣給客戶。

後來我就有底，只要有那個眼神，表示創意還不錯，而且一定賣得過，如果一次不過，他也會使命必達的找到機會，一次兩次三次把創意賣出去！反之，如果沒有那眼神，表示該摸摸鼻子回去重新想想。

比稿沒準備，也要談笑以對，把show照樣演下去

阿桂看起來是非常嚴謹的人，但是有時候也會忙裡出錯。有一次去比博客火腿全案，我們在飛機上做最後的review，突然發現他完全忘了寫媒體計畫。當時，我們都非常緊張，他轉頭看著我說：「這次的比稿是創意的主秀，創意

已經是包含了整合行銷的所有內容，把創意好好講完，給我三分鐘總結媒體計畫，我直接用說的就好，給客戶一個驚喜。」我記得當時我聽到他的回答，我嘴巴張得好大好大……

果然比稿的時候，當我把創意講完，阿桂站起來說：「我現在用三分鐘，幫各位把預算花掉。」客戶不禁開懷大笑，搞不太清楚是提案技巧還是空城計，總之最後居然還是決定把生意給我們了。

阿桂後來跟我分享，其實比稿就是一場秀，要跟演員一樣，即使燈光突然沒打好，或突然忘詞，需要鎮定而且無縫的把戲自然的順過去。

離開奧美以後，常常想起阿桂，他的眼神是一種標準，他的輕鬆泰然自若是一種風度及自信，而這兩件事構成了我印象中優秀廣告人的形象，當然最鮮明的就是阿桂。

——鄭以萍，陽獅中國主席兼首席創意官！

我在阿桂身上學到：人不管到了幾歲，都要活得理直氣壯，相信自己的信念，擁抱自己的熱情所在，但不要害怕接受新的事物。

——戴文玲，奧美廣告策略總監

PLAN A：

　　桂爺是我的專業導師，因為去年來我公司培訓了一次，也成為了我公司幾代小夥伴們共同的導師。桂爺離開後，我讓他們用手寫的方式寫下了培訓心得，這裡和大家分享一下：

一位從畢業就到我公司，工作了三年的文案：

　　「講專業，方法論不是枷鎖，是自由！」

　　「他們總說，自己的廣告熱情已經在無休止的加班和開不完的會議中磨滅了，可桂爺培訓後，我想說，是呀，這並不能怪你，要怪只怪，你對廣告有的只是熱情，而不是熱愛。」

一個剛畢業的設計：

　　「廣告需要黑魔法。因為我們是人類，人類都愛新鮮事，人類都是喜新厭舊的。」

　　「桂爺用最簡潔易懂的例子，把看起來複雜的理論體系化、簡單化，更方便我們的理解和記憶。」

　　「似乎從未聽到過桂爺直接批評或者是否定一個點子，再普通的idea他都能化腐朽為神奇，他善於提取一切有用的資訊，不斷優化，優化。」

一位美女客服經理：

　　桂爺強調的「用C打A中B」，改變人的行為很難，首先要改變他們的想法，直接說沒有用，要用「奸計」。而田字格，則把統計學變成了心理學。

一個和我一起工作了七年的夥伴，客戶總監：

　　「你能在千萬煙火中，看見一個你被感動的，你想成為的，你所敬仰的人的模樣，這或許就突然為你前進夯實了力量。」

另一個和一起我工作了八年的夥伴，策略總監：

　　（這裡解釋一下，他是一個很有審美的、從不寫詩的文青，他是為了把桂爺的各種工具攢在一起，給各位小白記住才寫了如下一段文字。只求先大量流入，不求甚解，然後慢慢自我消化。）

　　桂舔
　　傳道授業又解惑，廣告頑童惹人敬
　　用Ｃ打Ａ才中Ｂ，策略原理最簡單
　　選擇合適的刺激，不要忘記那動詞

定位好似講故事，對誰找啥利益點

三個三角三乘三，仔細推演有驚喜

層層利益上階梯，人人細分用田格

產品市場到傳播，物理價值到情感

創意本是有方法，相關看似不相關

平台概念要牢記，網路時代大創意

說啥怎說出訴求，梳理真我和洞察

以理勸人有驅動，以情動人有偏好

誰解其中樂與苦，青藤門下為走狗

PLAN B：

　　很多貌似方法論的東西，其實只是經驗和直覺的一種整理，這是我從自己身上得出的結論，也是面試過幾百位總監後的一些感受。稱得上方法論的東西，必須講得清原理，建立起骨骼軀幹，再去掛上或生長出鮮活的血肉。我的廣告骨骼是桂爺給的，他讓我曾經自以為是的廣告經驗，找到了理順的路徑，所以他是我一生的專業導師。當然，廣告肯定有曖昧的地帶，有黑魔法的施展空間，有直覺的強大力量，這也是我身處這一行業的魅力所在。這裡老爺子給的不是解決問題的方法論，而是創造氛圍、創造藥引子的方法，同

樣極大的增強了我的從業樂趣。至於桂爺身上的人格魅力與感召力，那是另外一個話題，可以寫一本很厚的書，這裡就不更多的致敬了，桂爺對我最大的影響就是，安神固本。

——**戴恩澤**，上海大恩文化傳媒有限公司總經理

十年前輔大廣告系邀我返校開設創意課程，我向時任副董事長的阿桂請示報告，他不但沒有阻止，反而替奧美謝謝我！我以為是謝我去校園宣揚奧美國威，結果他說是謝我與學生接觸，教學相長，為公司保養自己的腦袋。看一件事情的觀點角度，決定了他的高度。

全聯廣告第一年成功時，客戶問：「那明年做什麼？」阿桂說了一個自己柏青哥初體驗的故事，機台突然閃爍、音樂大聲放送，友人告訴慌亂的他：「不要亂動！中了，錢要進來了。」因為中了，所以我們不要亂動，延續今年的方向。善用比喻的他，把說話變成一門藝術。

——**龔大中**，奧美廣告執行創意總監

BIG 叢書 270

品牌的技術和藝術：向廣告鬼才葉明桂學洞察力和故事力

作　　者—葉明桂
主　　編—黃安妮
編　　輯—黃嬿羽
封面既內頁設計—三人制創
責任企劃—石璦寧
排　　版—李宜芝
董 事 長 · 總 經 理——趙政岷
總 編 輯—余宜芳
出 版 者—時報文化出版企業股份有限公司
　　　　　台北市和平西路三段240號四樓
　　　　　發行專線 02-2306-6842
　　　　　讀者服務專線—0800-231-705‧(02)2304-7103
　　　　　讀者服務傳真—(02)2304-6858
　　　　　郵撥—一九三四四七二四時報文化出版公司
　　　　　信箱—台北郵政七九~九九信箱
時報悅讀網—http://www.readingtimes.com.tw
電子郵件信箱—issue@readingtimes.com.tw
時報出版臉書—http://www.facebook.com/readingtimes.fans
法律顧問—理律法律事務所 陳長文律師、李念祖律師
印　　刷—勁達印刷有限公司
初版一刷—二〇一七年四月二十一日
平裝本定價—新台幣三三〇元
（缺頁或破損的書，請寄回更換）

時報文化出版公司成立於一九七五年，
並於一九九九年股票上櫃公開發行，於二〇〇八年脫離中時集團非屬旺中，
以「尊重智慧與創意的文化事業」為信念。

國家圖書館出版品預行編目資料

品牌的技術和藝術：向廣告鬼才葉明桂學洞察力與故事力 / 葉明桂
　著 .-- 初版 .-- 臺北市：時報文化, 2017.04
　面；　公分 .-- (BIG 叢書；270)

ISBN 978-957-13-6957-0(平裝)

1. 品牌行銷　2. 廣告策略

496.14　　　　　　　　　　　　　　　106003797

ISBN 978-957-13- 6957-0(平裝)
Printed in Taiwan